「米軍基地問題に関する万国津梁会議」の提言を読む

辺野古に替わる豊かな選択肢

柳澤協二
山崎　拓
野添文彬
山本章子
元山仁士郎
［インタビュー］玉城デニー

かもがわ出版

序にかえて
万国津梁会議「提言」が訴える三つのメッセージ

米軍基地問題に関する万国津梁会議委員長　柳澤　協二

米軍基地問題に関する万国津梁会議（以下「当会議」）は、玉城デニー沖縄県知事の委嘱を受け、二〇一九年五月の初会合以来、東京や沖縄における四回の会議を経て、二〇二〇年三月に、提言を提出しました。この提言には、大きく三つのメッセージが込められています。以下、私なりの理解でその概要を紹介したいと思います。

第一に、喫緊の課題として、辺野古新基地建設は、予定海域に広大な軟弱地盤の存在が明らかとなり、妥当な予算とリスクの範囲内では実現不可能となりました。そこで、提言は、本来の目的である普天間飛行場の危険性除去という原点に立ち戻って、沖縄県、日本政府に米国政府を加えた真摯な協議を求めています。

第二に、中期的課題として、今日の安全保障環境の変化に伴い、米軍の戦略構想も変わりつつあります。その中で、「辺野古が唯一の解決策」という従来の発想は、軍事的な妥当性を欠いていることを指摘しています。また特に、集中から分散へ、海兵隊の作戦構想が大きく変わっていく中で、沖縄の基地負担を抜本的に軽減するための議論を求めています。

第三に、長期的課題として、沖縄の地理的歴史的特性を生かし、東アジア地域の安全保障に欠かせない相互理解と信頼醸成の中心として位置づけていくことを求めています。

▽辺野古に固執せず、普天間の危険性除去の原点に戻ること

辺野古新基地建設は、予定地の大浦湾に大規模な軟弱地盤の存在が明らかとなり、大変な難工事となることが予想されています。防衛省の試算でも、工事が完成して米軍に提供するまでに一二年の期間と一兆円近い工事費が必要になるうえ、運用を開始したあとにも長期にわたって地盤沈下への対策が必要になるということです。

当会議は、これは公共土木工事としては受け入れがたいリスク要因であり、完成に一二年かかるということは、普天間飛行場の現状がそれだけ長く放置されるうえ、工事の費用が約一兆円で

仮に収まるとしても（収まることはないと思いますが）、今日の日本の財政状況に照らして妥当な選択ではあり得ないと考えます。

すなわち、世界一危険と言われる普天間飛行場の移設を目的とした辺野古新基地建設は、目的実現の手段として政策的に不可能になった、ということです。

そうだとすると、われわれは、本来の目的である普天間飛行場を使い続けることによる危険性の除去という目的意識の原点に立ち戻り、沖縄県と日本政府、さらにアメリカも含めた真摯な協議の場を早急に立ち上げなければならないと考えます。その間、普天間飛行場は使われ続けるわけですが、訓練の本土移転を進めることによって可能な限り使用を避ける努力をしなければなりません。

なお、深い海底に積もった地盤を攪拌《かくはん》すれば、それだけ環境への影響も大きくなり、生物多様性に富む辺野古の海が回復不能なダメージを受けることにもなりかねません。

また、県知事選挙や県民投票によって多数の県民の反対意志が示されているなかで工事が強行されることは、日本の民主主義のあり方から見ても異常です。私個人の言葉で言えば、国民を守るべき国防上の必要性によって国民の意志を顧みないのであれば、国防とは一体何なのか、それは本末転倒ではないのか、という疑問を禁じえません。

この提言は、日米安保体制が日本の安全保障にとって必要であるという前提に立っています。同時に、沖縄の過重な基地負担は、日米安保体制の最大のリスク要因でもあります。特に、辺野古新基地をめぐる県と国の対立、それに伴う県民の間の分断は、それ自体不幸であり、そうした不安定な政治環境のなかで駐留する米軍にとっても不幸なことです。

国民、県民のなかに様々な政治的立場がありますが、普天間の危険性除去という目的、辺野古新基地建設が政策として妥当なのかという疑問は、すべての政治的立場の方々が共有できるものだと思います。その原点に立ち戻って、対立から合意に向けた環境を作ろうというのが、今回の提言に込められた最大のメッセージです。

∇海兵隊のあり方と基地の抜本的縮小

〈沖縄基地問題は海兵隊問題〉

普天間飛行場の移設・返還は、一九九六年の日米両政府によるSACO（沖縄に関する特別行動委員会）合意以来のテーマですが、これがすべて実現したとしても、沖縄の基地負担はほとんど減らないという点で、政府と沖縄の受け止め方の相違があります。合意されている米軍基地の返還のほとんどが沖縄県内への移設を前提としているためです。

国土面積の〇・六％に過ぎない沖縄県に占める米軍専用施設の割合は、七〇％から一％程度減るにすぎません。また、沖縄に所在する米軍施設の大半を占めているのが海兵隊（兵員で七割、施設面積で六割）であることから、沖縄の基地負担の抜本的軽減のためには、沖縄における海兵隊のあり方を見直さなければなりません。

今日、普天間返還合意から四半世紀近くが経過し、沖縄をめぐる安全保障環境が大きく変化しています。それを受けて、海兵隊の運用構想も大きく変化の兆しを見せています。従来通りの発想で海兵隊が沖縄に所在する必要があるのか、その安全保障政策としての妥当性を検討すべき時期を迎えています。

〈集中から分散へ・「辺野古が唯一の解決策」ではない〉

九六年の普天間返還合意のとき、主な安全保障上の考慮対象は、核開発をめぐって米国と対立した北朝鮮でした。中国の軍事力は、いまだ米軍にはるかに及ばないものでした。すなわち、米軍が沖縄を拠点として朝鮮半島、台湾や中国沿海部で作戦し、あるいは米本土から展開する大規模な兵力を受け入れることが可能である一方、北朝鮮や中国が沖縄を攻撃する能力は限られていました。沖縄は、米軍にとって地理的優位性があったのです。

ところが今日、北朝鮮も中国も、ミサイル能力を格段と高めています。特に中国は、沖縄の米軍基地を射程に収める多数のミサイルを保有するとともに、海軍、空軍さらには宇宙やサイバー空間における作戦能力を高め、アメリカの軍事的優位を相殺しつつあります。沖縄に米軍が集中することは、こうしたミサイルの攻撃に脆弱であることが、米軍においても認識されています。

こうした現状を踏まえ、海兵隊では、ＥＡＢＯ（遠征前方基地作戦）という新たな作戦構想が浮上しています。これは、一言で言えば、海兵隊が小規模に分散して敵ミサイルの射程内にある離島などに進出してミサイルや航空作戦拠点を臨時に設置する、そして、ミサイルを搭載した海軍の艦艇とともに敵の海上における動きをけん制するというものです。

従来イメージされていた海兵隊の役割は、オスプレイで迅速に紛争地に投入され敵の拠点を制圧する、というものですが、ＥＡＢＯはこれとは異なり、制海権獲得のための海軍の補助兵力のような運用が想定されているということです。そうすると、海兵隊が沖縄にいなければならない理由として言われてきた、①将来投入されるべき紛争地に近いこと、②戦闘部隊と航空部隊が日常から同じ場所に居なければならないという事情は、大きく変わってきます。

この構想がどのように具体化され、部隊配置の変更につながるかは、米軍自身が検討中であり、未だわからないところがありますが、少なくとも、沖縄の地理的優位性は地理的脆弱性に変わりつつあって、部隊の配備について、「集中から分散へ」というトレンドは今後とも変わらない、と言えそうです。

したがって、従来から言われていた「抑止力を維持するため海兵隊が沖縄にいる必要がある」ということ、それゆえ普天間の危険性除去にとって「辺野古への移設が唯一の選択肢」という論理は、軍事的には成り立たなくなっているのではないか、というのが、提言の問題提起です。この点については、いろいろな意見があると思いますが、米軍の戦略が流動的であるいまこそ、多様な議論があってしかるべきだと考えます。

〈本土と共に考える〉

なお、提言では、一つの方策として、本土の自衛隊基地へのローテーション配備を示しています。これは、かねて安全保障専門家から出されているアイデアでもあります。ローテンションですから、海兵隊とオスプレイが一か所に固定することなく、いわば持ち回りすることで負担の不公平感を減らすことができます。同時に、オスプレイのためには、ヘリポートがあればいいわけですから、整備場や隊舎など新たな建設は小規模で済みますし、大型機の運用も既存の滑走路で間に合うでしょう。

一方、配備に伴う騒音などの被害が移転先自治体に広がることになりますが、自衛隊管理の基地であれば地元との意思疎通もよくなるはずです。また、訓練に伴って発生する被害を軽減するために、地位協定の改定・改善が必要です。そのための取り組みは、もともと沖縄だけではなく、当事者である本土の自治体と協力して進めてこそ、実効性あるものになるのだと思います。

∇沖縄を東アジア地域の信頼醸成のハブへ

いま、東アジアには、米中の対立を軸とする軍事的対立の流れと、経済的な結びつきによってともに繁栄するという大きな二つのトレンドがあります。沖縄は、米軍の拠点として軍事的対立のハブであるとともに、地域からの観光客でにぎわい経済的に発展するという形で、二つのトレンドが凝縮されています。

今日、国家間の対立関係のなかで抑止の政策がとられていますが、抑止は、「相手より強い」（と思わせる）ことで成り立つ一方、こちらが強くなれば相手に不安を与えてより強硬な政策を誘発するという「安全保障のジレンマ」に陥る危険もあります。それゆえ、抑止が成功するためには、どこまで行けば戦争になるのかという共通認識が必要です。言い換えれば、それをしなければ戦争にはならないという安心を与えなければなりません。いまの米中双方の政策は、残念ながら、そうした相互の意思疎通を欠いていると言わざるを得ません。

また、東アジア地域には、米中のほかにも、中台、南北朝鮮、南シナ海さらには尖閣をめぐる日中の対立など、様々な対立要因がある一方、対立関係を緩和し、平和的解決を目指す枠組みがありません。安全保障のジレンマが懸念される時代には、抑止力の強化だけでなく、こうした枠組みの構築が必要です。

沖縄は、中国や東南アジアに近いという地理的特性や、琉球王国時代の外交の歴史もあって、こうした相互信頼の枠組み作りに最適な条件を持っています。提言は、この条件を活かし、沖縄にこうした信頼醸成の拠点となるセンター機能を持たせることを提案しています。これには、国や民間の協力も不可欠ですが、何より、沖縄を起点に地域の安全保障を考えることによって、日本の安全保障政策に広がりと深さを与え、ひいては日本と地域の平和にも寄与していくことが期待されます。

また、「基地のない沖縄」あるいは「基地に振り回されない沖縄」は、右左を問わず、すべての県民の願いであると思います。私は、その願いが、沖縄を起点とした新たな安全保障枠組みの構築を通じて、時間はかかるとしても、いつか実現する日が来ると確信しています。

▽容易な道のりではないが

この提言を発表したとき、県政記者クラブの記者さんから、「この提言が実現すると思うか?」という質問がありました。私は、辺野古新基地問題が解決しない理由は、アイデアがないからではなく、今までの思考を転換して辺野古以外の選択肢を考えるマインドがないからだと考えているので、「その実現は、沖縄県知事や沖縄県民の意志にかかっているが、容易なことではないだろう」と答えました。

会議の立ち上げの前には、「もう、対立を引きずりたくない」という声や、「『沖縄差別は許さない』という思いだけでは理解されない」という声も聴きました。こうした、真っ当な県民の声を活かし、また、亡くなった翁長雄志前沖縄県知事が掲げた「イデオロギーよりもアイデンティティー」を、戦争を体験した世代、銃剣とブルドーザーで土地を取り上げられた世代、生まれたときから基地と共存した世代に共通するアイデンティティーにするためには何が必要なのかも考えさせられました。

今回の提言は、若い委員を中心にまとめていただいたもので、そのご尽力に改めて感謝しています。ここで述べた三つのメッセージは、政治的対立を煽るものでも、感情を刺激するものでもなく、だれでも認識可能な現実を踏まえていると思います。

もとより、どちらに進んでも容易な道のりではありません。この提言が、これからの沖縄と日本を担う若い世代の方々にとって、問題を我がこととととらえ、自分で考え選択するうえで、少しの力となれば、これに過ぎる幸せはありません。

もくじ

辺野古に替わる豊かな選択肢

「米軍基地問題に関する万国津梁会議」の提言を読む

〈対談〉
日本政府が「提言」の立場にたつ条件と可能性

山崎　拓（元自由民主党幹事長・元防衛庁長官）
柳澤　協二（万国津梁会議委員長・元内閣官房副長官補）

▽「オール沖縄会議」の精神を受け継いだ「提言」

柳澤　ご無沙汰しております。最後にお会いしたのは、もう五年ほど前になりますでしょうか、集団的自衛権が国会で議論されている頃でした。

山崎　もう、そんなになりますか

柳澤　昨年五月、沖縄県が「米軍基地問題に関する万国津梁会議」を設置しまして、私が委員長に指名されました。その後ずっと議論を続けまして、すでにお渡ししている提言を今年三月末、

知事に提出したところです。各界の方々に広くご賛同を得たいと考えており、是非、山崎先生のご意見を伺いたいと思ってやってまいりました。コロナの状況も見ながら、ワシントンなどアメリカも含めてシンポジウムなどを開催していこうと思っております。

山崎　沖縄とは私は深い関係があるんで

す。沖縄で社員数五〇〇〇人を抱える金秀グループがあるでしょう。その創業者で、三年前に亡くなった呉屋秀信さんが、沖縄拓政会といって、沖縄における私の後援会の会長をしてくれていたのです。金秀グループは、いまは長男の呉屋守将さんが引き継いでいます。そして次男の呉屋守章さんが沖縄の将来ビジョンを構想する「かねひで総合研究所」の理事長をしています。その「かねひで総合研究所」から沖縄の未来をテーマにシンポジウムをやるという案内もいただいています。

呉屋守将さんは、「辺野古新基地を造らせないオール沖縄会議」の共同代表もされていました。二〇一四年の県知事選挙では、翁長雄志さんを当選させるためにがんばっておられましたね。あなたのつくった今回の報告書は、その精神を受け継いでいるということだ。

柳澤　翁長さんとは一回だけ、まだお元気なころに、一時間ほど、酒を飲みながら話しただけなのですが、この人は絶対ぶれない人だなという信頼感が伝わってくる方でした。やっぱり、翁長さんが自民党を出て旗を振ったというのは、すごく大きなことでした。

山崎　翁長さんは自民党の県連幹事長もしていたしね。だから私とも昵懇の間柄だったのです。

▽沖縄と本土が対話できる共通のベースをつくりたい

柳澤　私は防衛庁にいるころに、直接に沖縄問題に携わったことはないのです。自民党が総選挙で敗北し、民主党政権に変わった二〇〇九年にちょうど退職して、鳩山友起夫首相が普天間基地の移設に関して選挙中に述べた「最低でも県外」という公約がなかなかうまくいかないこともあり、政権に入った民主党の人たちからも、時々相談を受けていました。私が助言していたのは、支持者に不義理するのとアメリカに不義理することを比較すれば、支持者への不義理をなんとか頭を下げて納得してもらってまとめるしかないのでは、という程度のことだったのです。

その後、鳩山さんが、「抑止力のことを考えるとやっぱり県外は難しい」ということを言いだした。あとで聞くと、必ずしも本心ではなかったということらしいのですが、それをきっかけにして、抑止力とはいったい何なんだろうかということを、根本から考えないといけないと思うようになったのです。沖縄に海兵隊がいなくなったら抑止力がなくなるというのは本当なのだろうかと疑問を感じ、二〇一〇年一月の朝日新聞に寄稿しました。その一〇月に、かつての防衛研究所のOBとの対談で『抑止力を問う』という本を出すことになった。そこから私の文筆活動が始まったという意味では、沖縄・抑止力の問題は、いまの私にとっての原点のような位置づけになりました。

それからすでに一〇年が経ちましたけれども、もともと普天間返還合意は九六年の橋本内閣のときですから、それからですと二四年、四半世紀近くが経っています。これだけ時間をかけても進まない政策というのは、どこかに問題があるのだろうという思いがずっとありました。とくに、安倍政権ができてからは、やり方も乱暴になっているように思います。最近も石破茂先生に「あなたは政権批判が過ぎるから」と言われたのですが、私としては、どの党の何政権であっても、おかしいと思ったことを批判しているだけなのです。

沖縄の基地問題に関してもさまざまな機会に発信し、先ほどお名前の出た呉屋さんはじめ、いろんな方々と知り合いになっていくなかで、いつまでも外から発言するだけでは済まないという感じで、「万国津梁会議」の委員長を引き受けることになった。ついに引きずり込まれてしまったという感じではあります。

今回、提言作りをするにあたって気をつけたことの一つは、地元の対立を煽るようなものにはしないということです。沖縄で講演をしていると、「あなたは沖縄に対して差別をしているという意識はないのですか」と聞かれることがあります。しかし、これまで沖縄問題にかかわってこなかった本土の人間に対して、そういう問いかけは、通じない。本当に通じるものにしようとしたら、怨念をベースにするのではなく、沖縄と本土で共通する言葉で語っていかないといけない。そういう気持ちをずっと持っていました。

だから今回の提言作りの議論には、どちらの立場の人でも共通して認めざるを得ない事実を積み重ねていくかたちで、沖縄の人たちの思いを代弁できないだろうか、そんな気持ちで臨みました。実際に書いてくれたのは若い委員を中心とする皆さんですけれど。その観点で言うと、自画自賛してはいけないんですが、それなりに合理的な、一つの考え方として整理はできたのかなと思っています。

私たちが一番注目したのは、辺野古の埋め立て地にあれだけの軟弱地盤があるわけですから、新基地建設は物理的に無理だ。そこをまず認めましょうということです。それは、あのマヨネーズの強度しかない地盤の上に、何万本も杭を打ち、できたあとも、何十年も地盤が傾いていくことが予想されている。そこにいまの試算でも一兆円近い予算をつぎ込もうとしている。これは、右だから左だからではなくて、どちらの政治的な立場であれ、知事選挙でどちらの陣営に付いたのであれ、客観的にできないことを認めないといけない。日本政府も含めて、その認識から出発しようというのが、今回の提言の一番大きな特徴、メッセージだと思います。その意味で、この提言が新たな議論のきっかけになればと思うのですが、先生の受け止めはいかがでしょうか。

▽軟弱地盤の問題は政権に政策変更を迫る新しい大事な論点

山崎　そのきっかけに、埋め立て不能説を出してあるわけですね。埋め立てができない土壌の条件というのが書いてあるけれども、前からそういう議論はありましたけれども、最近の調査ではっきりでてきた。ちょうどこの提言のタイミングででてきたという感じで、これはまだ真剣に論じられていない。政権は目をつむっています。その部分については。防衛省の中ではわかっている人はかなりいると思いますけれども。

柳澤　私もそう思います。

山崎　そういう人は防衛省にいると思うんだけれども、目をつむっている。いわゆる忖度政治ですから、余計なことを言ってはいけないということで、黙ってやり過ごそうとしている。このままだと、気がついたときはあとの祭りみたいな話になってくるでしょうね。

（山崎拓氏）

僕はド素人ですから、よく知らなかったのだが、マヨネーズ状と言われるような、埋め立てできない土壌が海底にあるなんて、驚くべきことですね。

柳澤　私も全然知りませんでした。

山崎　これはすごい論点だと思います。いまこれを言っているのは、主には玉城デニー側だけです。しかし、これを政治的に取り上げていけば、工事を中断するということは、議論としては当然のことになってくると思います。なぜならこれは、お金の問題とも絡んでくるからです。普天間の代替施設を考える上では、どれくらいかかるかという時間の問題、お金の問題、それと基地の機能の問題と、三つの角度から議論しなければなりませんから、これは有力な論拠だと思います。

柳澤　ここで私たちが提示したかったのは、誰がどこで間違えたからということではないのです。それなりにいろんな事情があって、ここまできた。けれども、新しく出てきた軟弱地盤の問題を考えると、現在のやり方ではできないじゃないかということです。それを出発点にして、もう一回スタートに戻って、どうすれば普天間の危険をなくせるかを考えようということです。それを考えるについては、いま山崎先生がおっしゃった基地の機能にもかかわりますが、地域の軍事情勢とか、海兵隊の戦略の変更も踏まえながらもう一回シャッフルしなおせば、おのず

（柳澤協二氏）

と違う答えがでてくるのではないかと思います。日本政府を非難する立場ではなく、とにかく新しく明らかになった現実を踏まえてもう一回スタートしましょうということです。そうでなければ、事の本質は政治闘争ですから、沖縄にそれだけの抵抗手段がなければ、このままずるずるいってしまう。それは沖縄にとっても受け入れがたいことでしょうが、日本やアメリカにとってもそれで本当にいいんですかという問題になります。何かあれば、日米安保のアキレス腱にもなってしまうものですから、そこを突破するためには、もう一回、何かきっかけが必要だと思うんです。

▽辺野古移転史から消えた小泉首相の主張

山崎　正直に言って、辺野古問題に関しまして、推進の立場で私は一肌も二肌も脱いだ立場です。普天間基地の返還が決まったのは九六年、橋本政権の時でしたが、当時、私は自民党政調会長をしていましたから、この問題とは最初から深い関わりがあったのです。九六年、日米両政府が設置したＳＡＣＯ（沖縄に関する特別行動委員会）の合意で、「代替施設として沖縄県における他の米軍の施設及び区域におけるヘリポートの建設」が合意され、最初はヘリポートを建設する案が浮上した。

柳澤　すでにある基地の中ということだったのですね。撤去可能な海上へリポートというのもあった。

山崎　そうです。あれは結果的に構想倒れになった。それから紆余曲折があって、嘉手納基地とかキャンプ・ハンセンとか、移設先としていろいろな名前が出て来る。同時に、キャンプ・シュワブと海上埋め立て案もその頃から浮上していました。しかし、それに対しては当時から、非常に抵抗が強いものがあったのです。埋め立て自体が困難性をともなっていたし、滑走路は軍民共用という構想があったが、想定されていたのは短い滑走路で、民間航空会社はとても利用できないという要素もあった。

橋本内閣のあと小渕内閣、それから森内閣になったのですが、その間は、見るべき進展はありません。そして結局、小泉内閣になってから、現在の計画につながるものだが、キャンプ・シュワブから延長する埋め立て案が出てきます。私は自民党の安全保障調査会長になっていました。

小泉首相は断固、埋め立てに反対していたのです。当時、小泉首相と私と、防衛大臣だった額賀福士郎さんと防衛事務次官だった守屋武昌さんとで話し合ったことがありますが、小泉首相は地上に滑走路を作ることはやむを得ないが、延長して海上を埋め立てるというのはだめだ、一メートルの埋め立てもだめだと主張した。私が「一センチもだめなのか」と聞いたら、「一センチもだめだ」とゆずらない。

なぜ小泉首相がそう言ったかというと、防衛上の問題ではなくて、環境問題なのです。ジュゴンがいなくなるとか、サンゴがだめになるとか、その種の発想があって頑としていた。彼の選挙区が三浦半島の方で、その辺りでは環境問題が争点になると逗子市長選で負けたりすることもあって、環境を壊すようなやり方は成功しないというのが、彼のＤＮＡみたいになっていたのです。

柳澤　小泉総理は環境問題に敏感なんですね。

山崎　ええ、ものすごく敏感なんですよ。それがいまの原発ゼロという主張にもつながっている。イエスかノーかがはっきりしているわけです。

それにしても、普天間の代替地は、キャンプ・シュワブならびにその延長線上にすることは大筋では固まっていた。もちろん、シュワブへの地上移転は、彼も賛成なのですよ。しかし、移転が地上だけというのではアメリカは賛成していませんから、小泉首相も多少の埋め立ては仕方ないとは思っていた。だが、海上を現在のように大幅に埋め立てるということは、小泉政権が続けばできなかったはずなのです。小泉首相は反対と決めたら反対ですから、米軍は賛成していなくても、自分でブッシュ大統領を説得しに行くこともあり得た。この線を貫けば現在のような問題は発生しなかったと思います。その辺は、辺野古移転史の中から消えている部分です。

▽現行の埋め立て計画が決まっていく背景

山崎　一方、地元の事情も複雑でした。普天間基地のある宜野湾市のほうは、基地が移転してくれるわけですから、表向きは反対といっても、気持ちの上では強い反対はなかったんです。しかし、名護市のほうは、基地を受け入れる側ですから、ずっと反対がありました。そこを比嘉鉄也という市長さんがまず賛成に回り、その後、市長を降りて岸本建男さんに譲ったのです。だが結局、岸本さんも反対することになり、島袋吉和さんに後継を託しました。ただ、島袋さんは当時の案に反対していたのです。当時、海上を埋め立てて滑走路をV字型にするという案が出ていて、それは騒音被害が軽減されるようにと地元に配慮した案ですので、環境重視の小泉首相も反対しなかったのです。多少の埋め立てを伴うけれども、そこまではいいということだったんです。

そこで私が現地に入って説得にあたりました。区長その他オピニオンリーダーのところをまわり、沖縄の酒を酌み交わして、その場で官邸に電話して、島袋市長と小泉首相とやりとりさせたりしていた。いまテレワークが流行っているけれども、当時、電話で話し合いをさせていたのです。島袋さんとか区長さんは、総理と直接話せたということで、雪崩をうって賛成にまわったのです。

柳澤 当時、山崎幹事長とか額賀防衛庁長官も地元に入って、酒を酌み交わしながら話をして了解をとってきたという話は、私もよく耳にします。

山崎 僕は一時現地に密着して工作をやったわけですからね。

柳澤 地元に政治的な根っこをお持ちだったわけですからね。

山崎 非常に深い人脈を沖縄にも築いていましたから。ところがですね、その合意が悪い方向に利用されて、強引に広い海上を埋め立てるということに進んでいくんです。小泉首相も二〇〇六年に首相を辞めることになり、なし崩し的に歯止めがなくなって、埋め立ての面積をどう広げるかという話になっていく。

柳澤 埋め立ててV字型の滑走路を作るという案は、小泉政権下で二〇〇六年に合意されています。これは結局、アメリカ側の運用上の必要性に押し切られたという格好になっているのだと思います。

山崎 アメリカ側もかなり工作していました。リチャード・ローレス国防次官補代理と僕も何遍も話し合いをしましたけれども。六〇〇メートル埋めるとか、関係者の合意を取り付けたとか、アメリカ側は非常に熱心でしたよ。

柳澤　あの頃は、二〇〇三年にラムズフェルド国防長官が普天間基地を視察して、「世界一危険だ」と発言したこともあり、海兵隊も渋々移転を進めざるをえなかった。ただそれについては、いろいろ注文がついたりして、結構入り組んでいるわけですね。

▽地元の政治を動かしたのは埋め立て利権を得る土建屋

山崎　相当の紆余曲折がありました。キャンプ・シュワブの陸上基地を活用するという案は、少しの埋め立てで済むなら、悪い案ではないのです。だけど、米軍としては、普天間という既得権益を失った上に、現在の基地の上に新しいものが乗っかって来たのでは、二つを失うという感覚があった。

柳澤　海兵隊としても、シュワブの地上部分だけということになると、ヘリポートしかつくれません。だから、当時から大浦湾の相当な面積を埋め立てることになっていたのですが、その辺のところが十分に詰められなかったのでしょうね。そのうちに、政治的に地元がOKして、海兵隊が納得しているうちに決めるという雰囲気だったような気がします。

山崎　地元の土建屋の動きはすごかったです。

柳澤　期待値をもって動いたんでしょうね。

山崎　正直に言って、地元の政治を動かしたんですよ、埋め立て利権でもって。地元の業者も、かなりあの辺の山を買い占めましたものね。山を崩して埋めるということで。

柳澤　本部《もとぶ》の岸壁から土砂を積み込んで、美《ちゅ》ら海水族館の前の海を通って辺野古のほうに持って行く貨物船を見たことがあります。ただ、あまり地元の業者が潤っている感じもしない。細かい仕事は地元の業者がやるでしょうけれど、大きな設計施工は大手のジョイント・ベンチャーですものね。

山崎　土砂だけの問題ですよ、地元は。それが二〇〇六年に誕生した仲井眞県政を支える勢力だったのです。

▽仲井眞知事の苦渋の決断に至る経緯

柳澤　その後もいろいろありましたが、山崎幹事長去り、小泉首相も退陣し、民主党鳩山政権の失敗もあって、もう何も止めるものがなくなった。そして二〇一三年の末に、仲井眞知事が埋め立てにＯＫを出す。

私は仲井眞県政の時、知事とも一度話をしたことがありますし、沖縄県の広報のビデオにも、安保専門家という立場で出演したりしていたんです。当時、県庁の人と話していると、知事はどうするんだろうか、まさか埋め立て承認という決断はできないよねというイメージをみんな持っていたような感じでした。ですから、年の暮れにＯＫしたのは、私もすごくびっくりしたんです。同時に、「これは良い正月になる」とまでおっしゃったのには、もっと驚いた。そもそも喜ぶべきことなのかと。

山崎　彼はウチナンチューの中では格別のエリートなんです。東大を出て通産省に入ったぐらいですから。期待の星で、知事になるようなコースが、彼の前途には描かれていた。通産省を経て、沖縄電力の社長をやり、沖縄商工会議所の会頭にもなって、それで知事に出てきた。僕もエネルギー関係をやっていましたので、彼の通産省時代から、接触はずっとあったんです。個人的にも非常に親しくて、彼が県知事選に出るときは、たまたま党の幹事長でもあって、ひと肌もふた肌も脱いで、物心両面にわたって応援したんです。そういう行きがかりがあって、彼は自民党と関係が深かった。そして彼は安保の専門家ではないが、自民党の方針を何とか貫かせようというメンタリティーはずっとあったんです。だけど、ウチナンチューですから、沖縄の苦しみ、悩みというものについては、先祖代々のＤＮＡを持っていて、その相克には悩んでおった。

柳澤　それなりに苦渋の決断ではあったのですね。

山崎　苦渋の決断だったわけです。

柳澤　一九九六年に大田県政で普天間の移設が問題になって以降、いろいろな政治的立場の知事が生まれましたが、選挙の公約で辺野古の新基地容認を主張して当選された人はいないのです。その辺に、どうしても民意とのギャップがある。名護は名護でまた微妙で、現在の市長も、選挙では辺野古を争点とはしていませんでした。全体として、県民自身が理想と現実のはざまで苦渋の選択を迫られている。「もう政治的な対立を持ち込むのはやめてくれ」という気持を持たれている方も多い。これだけ長引いて、いろいろ政争に振り回されているような状態になっているのは、本当によくないと思うんです。

▽自民党政府が沖縄に対してとるべき態度

山崎　沖縄返還をやったのが佐藤栄作さんであり、そのときの担当大臣沖縄開発庁長官が山中貞則さんでした。山中貞則さんの政治信条は自民党そのものだったのですが、同時に沖縄の最大の理解者でもあった。山中貞則さんは琉球の最後の主席だった屋良朝苗《ちょうびょう》さんの教え子ですから。沖縄の政治家には瀬長亀次郎のさんような非常な傑物もいましたが、権力の側ではなかった。沖縄の返還という仕事は権力がやることなので、自民党権力と当時の沖縄の指導者というのは、どうしても結びついていたわけです。僕は、中曽根、山中の下にいましたから、そんなことで沖縄との関係は深く、今日にいたっている。

柳澤　私は門外漢だったんですが、そういう経験を踏まえて、政府と沖縄の世論との対立関係がずっと続いていて、政府が何も聞かずにどんどん工事をやっていくし、県知事のほうは訴訟を繰り返しては負け続けているような感じで、このまま行くのはお互いに不幸なんだろうと思うんですが、そこら辺の現状をどうご覧になりますか。

山崎　とにかく沖縄をかき混ぜないでくれという気持はよく理解できることです。戦争の歴史からいっても沖縄はとんでもない被害にあったところで、本土の防衛基地みたいな役割をさせられたという宿命的なところでもあります。元来は琉球王国という別の国だったのに、明治維新以来、日本に強引に組み入れられた。自分たちをウチナンチューと言い、本土の人間のことをヤマトンチューと呼ぶように、大和民族とは必ずしも同じでないという感覚がある。そういう沖縄の特殊性というものに思いをいたすのは必要なことだと思います。沖縄を日本国の中の別な国みたいにしてしまったらだめなのです。そして、本当の意味で日本の一部にするためには、提言に書いてあるように、日本の〇・六%に過ぎない土地に、米軍基地の七〇%をも集中させていることに十分反省しなければならない。

さっき石破氏の話も出たが、彼も変化しているようですね。彼が幹事長の時、沖縄選出の国会議員を壇上に並べて、辺野古移設に賛成しろと踏み絵のようなことをやっていた。

柳澤　前々回の名護市長選でも五〇〇億円基金構想を訴えておられた。

山崎　そのように辺野古移設一辺倒のように見えていたが、このところ、沖縄の特殊性ということについて、ある程度考えるようになっているように思えますね。そうやって、沖縄の特殊性に思いをいたして、そのことを米側によく説明する必要があると思います。沖縄の特殊性というものに配慮しなければ、日本の政権自体のアキレス腱になるという、そういう角度からアメリカを説得することも必要だと思うんです。

柳澤　それをトランプがわかるかというと疑問符が付きますが、沖縄に集中しすぎているから、もっと本土の自衛隊基地に分散させろというのは、私たちの突飛な発想ではなく、アーミテージなども言っていることなので、軍事的な選択肢として、当然そこもあるんだと思うんです。

▽沖縄の米軍基地が標的になるから分散が必要という戦略的見地

山崎　柳澤さんらがつくった提言は、その軍事的選択肢としてというか、安全保障の見地からも辺野古に固執すべきでないと説いているわけであって、そういう意味では正論でもあるし、説得力もあります。海兵隊の東アジアにおける、あるいは世界戦略における沖縄基地の役割の変化というものについても、るる述べてある。沖縄にいる海兵隊の役割というものが変わり、分散的であることが望ましいということも書いてある。

日本も政府のほうで、この立場にたって、もう一度考え直してみようという動きが出てきてしかるべきでしょう。そういう意味ではタイムリーな提言であると思います。僕もこれに納得しますから、これをみんなに読ませて、ある程度実力者が納得すれば、あとは対米交渉ということになります。動く可能性は相当程度にあると思います。いままでは機は熟さなかったけれども、機は熟してきた感がありますね。世界情勢の動きがずっと書いてありますけれども、そういう見地からいっても動く可能性があります。

抑止力の問題は別の次元の話になってくるんだけれど、これまでは、基地ならびに米軍の存在がわが国の安全保障上の抑止力であるという解釈が常識で、そういう説明を何の疑問もなくやってきた。そういう抑止力論に対して、果たしてそうかという異を唱えたのが柳澤さんでした。

柳澤　ひんしゅくを買っています。

山崎　ひんしゅくを買ったかもしれないけれども、われわれは国会答弁でも、抑止力という言葉はふんだんに使ってきて、誰も疑問に思わなかったわけです。

柳澤　私も現役のころはそうでしたから。

山崎　それに疑問を呈されたということは、すごく大きな一石を投じられたわけですよ。それは安保条約見直しにつながる重要な提起です。

柳澤　とくに、ミサイルの時代になって、状況はそうとう変わったんだと思うのです。抑止力というのは、相手がやってきたら、こちらがやりかえすから抑止力なのに、相手のミサイルでまずやられてしまったら、沖縄にいたって抑止力にならないじゃないかということです。私の疑問はそういう単純なところからでてきているのです。抑止力であるためには、沖縄にいたらまずいでしょう。もっと後ろにいないとおかしいのではないかという、そういう単純な疑問なんです。

山崎　今回の報告書でも、沖縄の米軍がまずやられると書いてある。これは誰も気がつかなかったことです。

柳澤　はい。ですが、いまはアメリカ自身もわかっていることです。

▽「提言」を生かすような政権は可能である

山崎 日本政府には、米軍に対する過大評価があるんですよ。

柳澤 沖縄に米軍がいるから抑止力が保たれる――、日米双方がそうお互いに思ってないと居心地悪いという程度のことだと思うのです。

山崎 そうそう。そういう方程式になっている。教科書になっているんです。教科書が間違っていると言ったら大変なことになる。それが間違いだと柳澤さんがおっしゃったんだ。

柳澤 私も退職して一〇年近く経ってから、ようやく役所にいた頃にとっていた思考様式から逃れられるようになってきたような気がします。子どもから聞かれて答えられないようなところ、単純な疑問に答えられないところに、政策の論理の穴があるのではないかと思うのです。そして、このままいったらどこかで無理がくる。米軍がいれば抑止力だとみんなが信じて、それでアメリカも中国も戦争をしないというなら、それはそれでいいと思うのです。別に日米安保をやめろとか、そういう話では全然ないんです。けれども、その抑止力のために、すべてアメリカの注文通りにやらなければいけないのかというと、そこはちょっと違うのではないかという感じです。

山崎　この提言は、そうやって説得力があるものだから、非常に生ぐさい話で恐縮ですが、政権交代したあと、次の政権がこの提言をくみ取って、この提言を生かそうという立場にたてば動くと思います。

柳澤　軟弱地盤の話は沖縄県が言わないとしても、当然、政府が一度立ち止まって考えてしかるべき、事情変更だと思うんです。それでもいまの政権のままでは難しいでしょうか。

山崎　いまの政権も万年政権じゃないです。日本の政権は、昔よりは長くなったけれども、長期政権にはならない。だから、自分の政権の間が無難にすめばいいということになって、大きな変化を必要とするような問題には取り組もうとしない。無責任政治ですよ。

柳澤　先に延ばせることは先に延ばそうとするわけですね。

▽普天間基地の危険性をそのままにしてはならない

山崎　その間はずっと普天間基地が残ってしまうということが問題です。そんなことになったら何の意味もないです。そういうこととは別に、普天間だけは返してもらうということができれば一番いいのですが、そうはいかんでしょう。

柳澤　できるだけ訓練をよそに持って行ってやってもらうことも大事です。普天間基地の閉鎖以前にできることはそれしかないと思います。ところが逆に、県外から普天間基地にやってきて訓練する回数が増えているという沖縄県の調査もあります。

山崎　沖縄県がやろうとしているのは、あの土地を返還させて、宜野湾市を日本流に再開発し、沖縄の振興を図るということです。もとをただせば、大学にヘリが落ちるとか、危険性の問題に端を発しているんだけれども。

柳澤　本当に住宅が密集した地域です。

山崎　私も何回も見に行ったことがある。

柳澤　仲井眞知事の時に、県の職員と一緒に、普天間飛行場の一番南の端から基地を見たことがあります。一〇メートルぐらい崖をよじ登ると基地のフェンスがあって、そこにしがみつくと、目の前にオスプレイが見えるような位置でした。そこの崖にはいくつか亀甲墓《かめこうばか》があって、この地域がほんとうに部落だったんだなと、すごくよくわかる地形で、普天間の基地のでき方もわかるような感じでした。本土の飛行場のような制限区域みたいなものはとれませんから、本当に大変な基地だなと思いますね。

それから、是非、伺ってみたかったことがあります。以前、『官邸のイラク戦争』の本を書くときに先生のところにお邪魔して、当時のいろいろな状況をインタビューさせていただきました。その際、先生のお話ですごく印象に残っているのは、なぜ小泉首相は安倍さんを後継者にしたかわかるかと言われて、小泉さんはポピュリストだから、自分よりも小選挙区で得票率の高い安倍さんに一目おいていたからだとおっしゃったことです。

その安倍政権の七年間の評価についてお話いただけますか。

山崎　安倍政権が安定政権であったことは、偶然でもあり必然でもある。たまたま小選挙区制のもとで政権を奪還したので、小選挙区制をうまく使って勝利を得て、政権を安定させてきた。政権の安定は一つの政治資産みたいなものだから、そういう意味では彼は運命的に恵まれた首相であったと思います。野党政権時代に極端に誹りを受けたことが基本にあったので、その野党を攻撃しながら、小選挙区制を活用して、選挙を繰り返して一強支配を確立していった。そういう政治手法は、偶然でも必然でもあるんだけれども、評価できることです。

▽安倍政権の安保外交政策の成績は零点である

山崎　ただ、柳澤さんの専門である外交安保分野では実績がないと思います。彼の外交安保政策の一丁目一番地は、ブルーリボンのバッジに示されている拉致問題の解決なのです。それをテコにして政権を取った。閣僚全員にバッジをつけさせてやってきたけれども、この問題では全く為すところがありませんでした。一ミリも前進しなかった。前進させる努力の形跡もなくて、あるとするとトランプに頼んだというだけ。そんなことは誰でもできることだし、トランプだって安部総理に頼まれて金正恩に伝えただけだ。トランプが北朝鮮相手にやりたいのは核問題だからね。

北方領土問題についても安倍政権のレガシーにしようとして、ロシアのプーチン大統領との会談を二七回もやったけれど、結局、プーチンに振り回されただけだった。日ロ平和条約を結んで、危うく二島返還すらもチャラにしかねないという、最悪の事態を招きかねなかった。平和条約だけを結んで、北方領土返還が雲散霧消するということになる可能性もあったわけです。

外交交渉力があるかのように見えたけれども、トランプとの個人的な関係が親密になって、それがいいことか悪いことかは別ですが、親密だからといってもトランプはＴＰＰにも入らなかった。思いやり予算の特別協定の交渉がもうすぐ開始されますが、アメリカは日本側の負担を四倍とか五倍にまで増やそうとする始末です。日米安保条約の五条を守るという確約をとったというけれど、そんなことはオバマのときも同じだったし、結んでいる条約を守らないはずがない。お互いが批准している条約を、あらためて確認した程度のことを手柄にしようとしたが、これはおかしいと思う。

中国との関係を何とかしようとしたけれど、コロナの関係があり、習近平が来日できなくなった。そういうことで、彼にとっては日中関係でも実績が上げられなかった。

要するに、外交安保分野については、何にも得点がない。それが僕の評価です。

柳澤　沖縄の問題が日本政治の内政と対米、対中外交の接点みたいな意味があるんですが、安倍さんはあまり熱心な感じがしないいんです。

山崎　全然熱心ではないです。教科書通りにやっているだけです。いまの教科書は、一日も早く普天間基地を返還させてそこを活用する、普天間の代替地をつくってアメリカに差し上げるということで、アメリカに納得してもらう。これは橋本政権以来の話であって、別に安倍さんの築いた路線でもなんでもない。そしてこの路線は、先ほどから議論したように、新たな問題が顕在化して、これ以上進められなくなってきている状況になっている。いろんな意味で、彼の外交安保政策の得点はゼロである。ただ飛び回っただけ、世界中を。

柳澤　最後に、これからの沖縄県政と沖縄県民へのメッセージをいただければ。

山崎　踏みとどまるときが来たということです。この問題に関して、もう一度あらためて踏みとどまって、新しい方向、新しい解決案というものを、もう一度見直すときが来たということです。これをやれるのは新政権しかない。野党ではそれはできない。自民党政権はまだ続くと思いますので、これを次の政権にきちんと認識させるような働きを関係者はしてもらいたいと思っています。

〈鼎談〉

日米両政府と沖縄の対話へ共通の土台をつくる

野添 文彬（万国津梁会議副委員長・沖縄国際大学准教授）
山本 章子（万国津梁会議委員・琉球大学准教授）
元山 仁士郎（「辺野古」県民投票の会元代表・博士課程）

▽沖縄問題へ、それぞれの関わり

——まず、沖縄問題との関わりについてお聞かせください。

野添　私が沖縄に関わりはじめたのは、一橋大学大学院で博士論文のテーマとして沖縄返還を選んだことからです。私は日本外交史研究が専門ですが、日本外交や日米関係を理解するためには、沖縄のことを理解しなければならないと考えました。そこで、日本外交史上非常に重要な出来事である沖縄返還問題をテーマに選び、資料調

査のために沖縄に毎年来るようになります。その後二〇一三年、幸いにして、沖縄国際大学に職を得て沖縄に赴任しました。

ちょうどその年、自分の研究が地元メディアに大きく取り上げられたことがあり、それをきっかけにして自分の歴史研究が沖縄の現実的な問題と密接に関わっていることを非常に意識するようになり、そうであるならば自分の研究の観点から沖縄の社会にお役に立てることがあればという気持になりまして、その後はメディアの取材も受けるようになりました。また、シンクタンクで安全保障の研修を受けたことで、現実問題への関心も高まっていきました。

二〇一八年、沖縄県がワシントンでおこなったシンポジウムで、翁長雄志知事と登壇する機会がありました。そのときに感じたのが、翁長知事が沖縄の歴史や思いなどについて強調されるのですけれど、それが一向にアメリカに届かないということです。とりわけアメリカの安全保障専門家たちに伝わらない。そこにもどかしさを感じて、沖縄の声を安全保障の観点から日本政府、

（野添文彬氏）

アメリカ政府に伝えなければいけないと思うようになりました。

その後、翁長知事が亡くなられて、自分も非常に悔しさを感じていました。そうしましたら今回、沖縄県から万国津梁会議に入ってくれないかと声をかけていただき、何かしら自分の研究が役に立つのであるならばぜひ力になればと思い、参加した次第です。

山本　私は、日米関係史が専門で、大学院の修士課程を出たあと、東京の出版社で編集者として働きながら研究を続けていました。働きながらですと、アメリカとか海外に史料調査に行く余力も時間もお金もありませんが、沖縄には大田昌秀さんが建てられたすばらしい県立の公文書館があり、沖縄関係の史料が全部揃っていますので、年に二回は有給休暇をとって沖縄に史料調査に行く生活を五年ほど続けていました。出版社に勤めながら一橋大学の博士課程に進んだのですが、途中で日本学術振興会の特別研究員の奨学金がとれましたので会社を辞め、それと前後して沖縄に住まいを移し、博士課程なので、東京と沖縄を往復しながら研究を続けてきました。

沖縄県公文書館の史料を利用しながら、次第に研究対象が安保改定の時期にシフトすることになります。そのときに感じたのは、安保改定の研究者というのは、基本的に安保体制に肯定的な人が多いことです。我部政明先生や菅英輝先生のように安保を批判的にとらえる視点から研究をされる方は例外で、安保改定の負の遺産を見ようとしない傾向があるのです。

その中で、我部先生の密約研究などは貴重だったのですが、もう一つスポットライトが当たっていなかった分野として、日米地位協定の成立過程があることに気づきます。一九六〇年の安保改定の際、日米行政協定が日米地位協定になるときに、対等な日米地位協定をつくるように見せかけて、実は行政協定の内容がそのまま密約で温存されたのです。それを史料で明らかにして博士論文を書き、その内容をあらためて地位協定に特化したかたちで刊行したのが、昨年の『日米地位協定』（中公新書）になります。

ですから、沖縄に最初から関心があったとは言えないのですが、沖縄で研究していたからこそ日米安保の研究をする機会を与えてもらい、その成果を地元メディアが取り上げてくださいました。その意味では、沖縄に育てていただいたということになります。

沖縄県庁との縁ができたのは、翁長県政のときの二〇一六年から一七年にかけて半年間、地域安全政策課という部署の共同研究員をしたときです。二〇一五年に博士号をとり、沖縄国際大学で非常勤講師をしていましたが、一八年一〇月から琉球大学に着任しました。そうしたら、ちょうど着任から半年後、県から万国津梁会議の委員にというお話をいただき、参加することになった次第です。

（山本章子氏）

元山　私の出身は米軍普天間基地のある宜野湾市ですが、小さい頃から基地問題に関心があったり、考えていたりしていたということではありません。二〇一一年に大学進学のために上京し、東日本大震災や福島第一原発事故を受け、政治・社会問題に関心を持ち始めるようになりました。さらに、普天間基地は「最低でも県外」とした民主党の鳩山政権の公約が一転し、大変注目を浴びていた時期でもあったので、宜野湾市の出身である自分に対して、いろいろ質問が投げかけられたのです。それで、宜野湾市に生まれ育っているにもかかわらず、あまり基地について考えていなかった自分が恥ずかしいという思いがあり、沖縄の基地問題に関心を持つようになりました。

（元山仁士郎氏）

現在、一橋大学大学院法学研究科に在籍し、日米外交史を勉強しています。自分自身の現在の関心事、テーマは、日米の防衛協力あるいはアメリカの日本と沖縄基地政策にあります。今年二〇二〇年は現行の日米安保条約締結から六〇年ですが、最近、沖縄周辺で自衛隊配備が急速に進んでいます。自衛隊と米軍がなぜここまで一体化し、緊密な関係になるのかということに関心があり、先行研究を見ながら、基地の共同使用というテーマについて修士論文を書きました。博士論文はその延長で、沖縄施政権返還前後、一九七〇年前後の時期の外交史料を見ながら進めていけたらいいなと思いますし、沖縄の中での自衛隊の受け止められ方などに関する議論にも踏み込んでいきたいと考えています。

ご存じの通り、二〇一九年の二月二四日、辺野古の米軍基地建設のための埋め立てをめぐる県民投票がおこなわれました。二〇一八年四月一六日に、県民投票条例を制定するための署名集めをおこない、実現を図るための団体として、「辺野古」県民投票の会がつくられました。メンバーは政党や組合など既存の団体に属していない市民約五〇人で、学生をはじめ弁護士、司法書士、会社の経営者、戦争体験者などで構成されましたが、私はその会の代表として活動しました。その前には国際基督教大学の学生の頃、学生団体であるシールズ（SEALDs）に参加していたのですが、二〇一四年一〇月の沖縄県知事選挙にバスツアーを組んで辺野古と高江に行ってみようというアクションを起こしたのをきっかけに、二〇一五年八月にSEALDs RYUKYUをつくって沖縄の学生たちと出会うことになりました。大学で勉強しながら社会活動に取り組み、政治に対してアクションを起こす、声を上げるというようなことをおこなってきました。

▽「提言」の全体に関わる三つの大事な問題

――万国津梁会議が出した提言の要点、大事な点について、まず会議の委員である野添さん、山本さんからご説明ください。

野添　三つあります。それぞれ簡単に説明します。

一つは、沖縄県民の辺野古移設に反対する意思については、これまで明確に示されてきたと思いますす。それを受けて、なおかつ埋め立て地の軟弱地盤の問題が明らかになる中で、できるだけ論理的に解決の道筋を描きつつ、沖縄側から自分たちの解決策を提示するということです。それによって日本政府と沖縄県、あるいは本土と沖縄との対話を促進することが目的でした。

二つめは、それとも密接に関連しますが、対話に向けた解決策を提示するためには、共通の土台がなければいけない。そのために、日本政府にとっても、アメリカ政府にとっても、沖縄にとっても利益になるようなかたちの議論を提示したことです。日米安保はこのままでいいのか、沖縄の米軍基地はこのままでいいのか、そもそも辺野古の問題がデッドロックの状態のままでいいのか。そういうことを議論し合うような環境づくりをめざしたということです。

三番目は、最大の課題としての安全保障の問題、特に軍事的合理性を重視しました。日本政府にとってもアメリカ政府にとっても沖縄にとっても利益になるようなかたちでの安全保障論を、沖縄から提示することを重視し、軍事戦略に関してできるだけ紙幅を費やして分析をおこないました。ともすれば、安全保障のことを沖縄県民は理解していないとか、逆に、安全保障のことを考えたら沖縄に基地があるのは当然だという議論がされがちですが、そのような考え方をいかに突き崩して、日本の安全保障にとっても、日米同盟にとっても、辺野古の問題を解決し、沖縄の過重な基地負担を軽減することがよりよい道だということを提示したつもりです。

総じて重視したことは、沖縄の基地問題解決への道筋を描くということなのですが、そのためには論点を整理する必要があると思うのです。安全保障の議論を日本政府やアメリカ政府がしているとき、沖縄の側からは歴史の話をしているといった——もちろん沖縄の歴史は極めて重要ですが——、議論のすれ違いがしばしばあったような気がします。あるいは、喫緊の課題である辺野古の問題をめぐっても、より長期的な課題として取り組まなければならない提案が出たりして、議論がかみ合わないということもありました。論点を整理し、議論がかみ合うように、時間軸によって、いま解決するべきものは何か、中期的に解決するべきことはどこにあるか、沖縄がめざすことを長期的に実現するにはどうしたらいいかということで、短期、中期、長期の時間軸にそって報告書は書かれています。

▽海兵隊の最新戦略をふまえた議論の重要性

山本　スタンスは一緒ですが、補足します。万国津梁会議の提言は柱が三つありまして、一つが軟弱地盤の問題であり、辺野古沿岸の工事が物理的に不可能になっているということです。もう一つが、最新の海兵隊の戦略にのっとって沖縄の海兵隊基地の運用を考えるべきだということです。最後に、安全保障は軍事だけではなく外交も込みですので、外交と軍事の両輪から考えたときには、同時にアジア太平洋の信頼醸成も考えなければいけないということです。提言はこの三本柱で構成されています。

私は主に海兵隊の最新戦略のところで作業をしました。それが必要とされた理由は二つです。一つは、最新の安全保障戦略を踏まえた議論が、やはり沖縄側では弱いということです。屋良朝博さんの先駆的な海兵隊研究がありますが、アメリカの軍の戦略は、どんどん変わっていきます。とくにオバマ政権からトランプ政権になって、海兵隊の戦略が大幅に変わったのですが、どう変わったのかについての基本的な知識が沖縄の中で足りていないという現状がありました。日米両政府に先駆けて沖縄の側から最新の軍事戦略を踏まえた議論をすることは、日米両政府との対話において主導権をとる意味でも重要だし、沖縄県内の議論をより建設的なものにするためにも大切だということです。

もう一つは、デニー知事はアメリカの側とこれから対話していこうと考えていらっしゃるのですが、アメリカというのは、戦略にのっとって話し合いができない人間をネゴシエーターとして信頼しない、評価しないという文化があります。ですから、今後、ワシントンの安全保障専門家や政治家との間で対話をしていくことが求められますが、そのためにも戦略分析が必要になったということです。デニー知事が対話を重視していることが、それによってアメリカ側にも伝わると思います。

最後に、それとも関連するのですが、「沖縄の心」みたいなものを打ち出すことは、沖縄を一つにまとめるには有効だったと思いますが、同時に、本土対沖縄という構図にひきずられがちになることは否めないと思います。その結果、対話がしにくくなった側面もある。デニー知事は、国内での対話、政府との対話を重視するために、本土対沖縄の構図をことさら強調しないようにされているので、そこを重視するようにしました。

――そういう趣旨の提言ということですが、元山さんはどう受け止めましたか。また、発表されてからあまり時間は経っていませんが、期待した筋からの反響はあったでしょうか。

▽アメリカでシンポジウムの開催も予定

元山　津梁会議の委員長である柳澤さんは元沖縄タイムスの屋良朝博さん、東京新聞論説委員の半田滋さん、中京大学教授の佐道明宏さんらと、以前、新外交イニシアティブ（ＮＤ）から辺野古基地建設問題への提言を出しました。私はＮＤで一年間働いており、その会議に参加し、裏方で文字起こしなどをしておりました。その頃は、沖縄翁長県政と日本政府の間で、なかなか面談が実現せず、ギスギスした時期でもあったと思います。アメリカに沖縄県知事が行って直接交渉をするという取り組みは一九八〇年代後半の西銘県政のときからありました。問題が米軍基地である以上は、沖縄とアメリカ、日本の三者が交渉のテーブルにつくのが理想のかたちだと考えています。ただ、そのときにアメリカの情勢や軍事戦略もしっかり念頭に置き、かつ安全保障のことを重視しなければ聞き入れてもらえない面もあると思います。今回、デニーさんが二〇一八年九月末の知事選挙で当選されて、万国津梁会議を立ち上げ、ほかにも児童虐待に関する万国津梁会議、ＳＤＧｓに関する万国津梁会議などの部会があるわけですが、その一つとして基地問題について有識者で検討して提言を出すという取り組みをなされています。自分自身が関わった先ほどの報告書は、あくまで民間のものだったのですが、今回は県知事が設置した会議の提言ですので、今後どのように活用されていくのか、ものすごく期待したいと思っています。

野添　意見交換をしたいという話は政府関係者の人からありました。また、全国メディアも含め、新聞の社説などにおいて、辺野古の問題を取り上げる中で、万国津梁会議の報告書のことが引用されたりしていることは、非常にありがたい反響だと思っています。

今後、アメリカに行ってシンポジウムなどを開くことも予定していますが、これはコロナ問題次第です。

元山　せっかくご尽力されて作られた提言なので、ぜひ活かしてほしいと思います。また、アメリカや日本政府との対話ということと同時に、沖縄の中でももっと議論をし、沖縄の人たち自身の理解を深めていくことも必要だと思います。ですから、提言はよくまとめられているのですが、もっとかみ砕いたもので、わかりやすく画像とか絵も使ったものにするとか、そういう発信の仕方も必要でしょう。必ずしも県側がやらなくてもいいのですが、市民向け、県民向けにどう伝えていくか、工夫が必要だと思います。

▽軟弱地盤の問題は沖縄のみならず日本全体の問題

――報告書は短期、中期、長期の三つの時間軸で書かれているというお話がありました。それぞれについて順番にご説明してください。その上で、補足やご意見をお願いします。

野添　喫緊の課題としてあるのは、辺野古の移設問題と普天間基地の危険性除去と運用停止です。この問題では、県民投票によって沖縄県民の意思がすでに示されています。

さらに大事なことは、埋め立て地に軟弱地盤があることが明らかになって、日本政府の説明によっても完成までに一二年間かかるし、九三〇〇億円もの工事費がかかるとされています。客観的に工期や工費の観点から新基地建設の完成は難しいといえます。それを踏まえて、この問題の本来の目的は町の中心部にある普天間基地の危険性を除去することにあったのですから、危険性除去を早期に実現することに焦点をしぼり、そのために日本政府、沖縄県、アメリカ政府で対話を進めることを求めています。

日本政府も実は、辺野古に普天間基地を移設することを前提に、普天間基地の機能を本土に分散してもいいと言っています。しかし、基地機能の分散が可能であるならば、そもそも辺野古に新基地は必要なのでしょうか。いずれにせよまずは、日本政府ができると言う普天間基地の機能の本土への分散を実現して、普天間の危険性を除去することが大事です。

そのために具体的に何をしたらいいのかを、日本政府と沖縄県とアメリカ政府で専門家会議をつくり、議論することを求めています。玉城デニー知事も沖縄県、日本政府、アメリカ政府がSACO（沖縄に関する特別行動委員会）のようなものを設置して対話すべきだと主張しているのですが、これがなかなか実現しない。その理由となっているのが、政府の会合に地方自治体の代表を入れないということにあるのですが、そうであるならば、トラック2というかたちで、日本、米国、沖縄から民間人や実務経験者を集め、まずは対話を進める。それを解決のきっかけにすることをめざしています。

山本　報告書が出たとき、新聞の社説等でも取り上げられましたが、軟弱地盤の話だけが強調された面があります。海兵隊の新戦略という論点は、難しいからでしょうけれど。

――柳澤さんが山崎拓さんと対談した際（本書に収録）、軟弱地盤の問題は新しい重大な問題だ、もとの政策を立てたときから事情の変更があれば政権が政策を変える根拠になるが、その種の問題だと強調しておられました。本土では、沖縄に関心のある特定の人はこの問題を知っていますが、ほとんどの人は知りません。

野添　沖縄では、軟弱地盤のことが明らかになったとき、これで新基地はつくれないと盛り上がったので、もう常識になっているところがあります。しかしその事実が、まだ本土に伝わりきっていないのですね。

付け加えると、これは沖縄だけではなくて、日本全体の問題だと思います。日本政府が見積もっただけでも九三〇〇億円かかるわけで、これは誰の負担かといえば日本国民全体の負担だということをもっと伝えていく必要があると思います。ワシントンの専門家と意見交換したときも、辺野古の新基地に九三〇〇億円を使うぐらいだったら、別の装備のために使ったほうがアメリカにとっても有益だと言っていました。

――本土のテレビのニュースだけを見ていると、湾が少しずつ埋められていくことしか伝わってこず、新しい問題がそこで起きているみたいな感じはありません。

野添　それはたぶん安倍政権がねらっていることでしょうね。埋められるところだけどんどん埋めていって、県民とか国民のやる気をそごうというねらいでしょうか。

山本　工事が進んでいる印象をあたえるために、工事の進行を止めないわけです。実際のところは、もういくら埋めても軟弱地盤があるとされている大浦湾側の工事には一つも手をつけていないし、むしろ業者への工事の発注自体を中止しているのです。だから、できないのをわかっていて、工事を止めない。そういう意味で税金の無駄遣い以外のなにものでもありません。ただ、軟弱地盤の問題というのは、われわれは土木の専門家ではないので、報道されていること以上に何か言えることがない。県のほうも独自の数字を持っていません。そこをどう強調していくか、工夫は必要です。

元山　県民投票が終わったあと、講演のために全国各地六五か所を回りましたが、それに参加するのは沖縄について詳しい方たちですので、軟弱地盤のことは良く知っておられました。しかし、街中を歩いている人たちは、基地は沖縄にあるのが当然みたいなイメージの方が圧倒的で、もう固定観念のようになっています。それを突き崩していくのが難しい。事情変更があるから政策を変えましょうと言っても、いまの政権では一筋縄ではいかないでしょうが、本来、政策を変えなければならないほどの新しい問題だということを、沖縄県と沖縄の人たち、あるいは本土にいる市民の人たちは、もっと強く発信すべきだと思います。これだけ変化があるのに、なぜいつまでも固執しているのかとか、税金の無駄遣いではないかとか、そういう雰囲気づくりをおこなって、次期政権は誰になるかわからないですが、そのときに別の選択肢を見つける方向になればいいなと思います。

――ところで、新型コロナ（Covid-19）の影響で、四月一七日から工事が停止していることについてどのように受け止めていますか。

野添　コロナ問題で日本の財政、経済がますます悪化してくるのは明らかなことです。ですから、その中で辺野古の工事をこれから進めるのがいかに非合理的なのか、これからもっと沖縄から発信していかなければいけないと考えています。

▽県民投票のための努力が「提言」につながっている

元山　県民投票に対する評価はどうでしょうか。またそれが提言に与えた影響の有無についてお聞かせいただければ。

野添　県民投票で沖縄県民の意思が明確になったことを受けて、沖縄県側からより具体的な解決の見取り図を描かなければいけないという問題意識は持っていました。県民投票のあと、日本政府が結果を無視して工事を進めていったことに対して、自分も県民の一人として憤りを感じましたし、県民投票で示された結果を、本土や日本政府にうまく伝えて、対話をすすめていきたいという問題意識がありました。日本政府、本土に伝わる論理をどうつくるのかというのが、今回の提言につながっています。

山本　県民投票のための署名活動があって、その上に知事選があってデニー知事が当選され、県民投票が実施されるという流れでした。若者中心に署名をあんなにたくさん集めて、翁長さんの遺志を継いだデニーさんという新しい知事も誕生し、かつ県民投票でも県民の多数が移設反対、埋め立て反対という民意を示した。

しかし、その結果がどうだったかというと、安倍政権が工事をそのまま続けるということだったので、私が教えている学生の中でも、県民投票に関心を持ったり、何がしか手伝ったりしたような子たちの間では、ものすごくがっかりしたというか、無力感に苛まれた子が多かったのです。県民投票のあと一時的に、政治に対する無力感をむしろ強めたという面があって、それは私にとってすごく残念なことでした。元山さんの目的も、若者が県民投票や署名活動に参加したことをきっかけに、いろんな動きにつながっていくことにあったと思うので。

今回の提言は、それに対してもう一回、大人としてレスポンスを示すという意味があると思います。県民投票は無駄ではなかった、県民投票があったからこうやって提言をつくり、政府ともう一回話し合いの場をつくっていくんだということを若者に示したのです。私は、沖縄国際大学と琉球大学でしか教えていないのですが、どちらでも工事は止められないと思っている子が多くて、それは県民投票の結果を政府が無視したことが原因なのです。

ただ若者は地位協定にはすごく興味があるのです。沖縄県選出の自民党議員や公明党議員も地位協定の見直しが必要だと言っているし、学生たちも埋め立ては止められなくても地位協定は見直すべきだという子が多いのです。

だから、軟弱地盤の問題をもう一回クローズアップさせて、地位協定の見直しと訓練の分散移転による辺野古の移設の見直しという話につなげ、政府と県との対話の場ということになっていけば、若者の希望になるのかなと思います。

元山　そうですね。自分の場合は、二〇一四年ぐらいから声を上げ続けていますが、なかなか簡単には声が届かないというか、結果に結びつけるのは難しいなという思いがあります。しかしそうであっても、一主権者として声を上げ続けていきたいですし、おかしいことに対しておかしいと言いたいと思っているので、そういう意味ではしぶとくやっていると感じます。

私がはじめて声を上げた特定秘密保護法の問題では、成立したあとに活動をはじめたのですが、法律が施行されたとき、かなりショックではありましたし、活動をやっても意味があるのかと感じたこともあります。沖縄の県民投票でも、いまの学生にとって自分が何か署名のお手伝いをするだとか、シンポジウムに参加したりしたのははじめてで、しかも簡単に無視されてしまうというのを見て、みんなすごくショックを受けたと思います。かつての自分もそうだったわけですから。

しかしそこで、万国津梁会議が動き出して、実際に日本政府やアメリカ側と話をする機会が生まれていけば、そこで県民投票の結果が活かされたと感じることができるかもしれません。ぜひとも野添先生、山本先生をはじめ万国津梁会議のメンバーには発信をしていただきたいたいし、メンバーではない自分が市民として何ができるかを考え、いまの大学生など少し下の世代の人たちと対話する場をつくっていきたいと思います。

▽沖縄への基地集中は米軍にとっても危険だから

――次に、中期的な課題についてご説明を受け、議論したいと思います。海兵隊の新戦略が中心になるでしょうけれど。

野添　中期的な課題としては、そもそもの日米同盟のあり方として、沖縄に米軍基地が集中していることをいかに是正するかということを重視しました。とりわけ重視したのが、近年、中国のA2AD（接近阻止・領域拒否）能力の高まりによって、東アジアにおける米軍のプレゼンスが非常に脆弱になっていることです。とくに、沖縄は中国に近いこともあり、中国のミサイルに狙われやすいわけですから、沖縄に基地が集中していることは米軍にとっても危険なのです。ですからこの問題について、沖縄に基地が集中していることは、沖縄の人にとって困るというだけではなく、米軍にとってもやっかいな問題だというアプローチをとっています。

実はそういう変化を受けて、アメリカ側も戦略の見直しをしています。基地の分散、兵力の分散を重視するようになっている。とくに沖縄の米軍基地では海兵隊が一番多いので海兵隊に注目しますと、海兵隊は「遠征前方基地作戦」（ＥＡＢＯ）という新しい作戦計画をつくっています。そこでは、集中した固定的な基地は中国のミサイルにねらわれやすいので、それを避けるためになんとかしなければいけないというのが、非常に大きな問題意識となっています。ＥＡＢＯは、固定的な基地に依存することなく、小規模で分散された部隊で重要な位置にある離島に展開し、一時的な拠点にし、中国軍の海洋進出を阻止することが目指されています。

それならば、これにある意味で乗るかたちで、沖縄の基地を削減できるのではないかと考えました。また、海兵隊は同盟国、日本の自衛隊との協力を重視していますので、沖縄にいる海兵隊を日本本土に分散させて、自衛隊基地との共同使用を進めるというかたちで、沖縄における基地の集中を是正しながら、日米の防衛協力を強化することで、この問題を解決できるのではないかということです。沖縄の米軍を日本本土に移すとなれば、ともすると新しい基地をつくらなければいけないという話になるのですが、そうではなくて、もともとある自衛隊基地に分散移転させるというやり方で、新しい基地をつくるという問題はクリアできる。

同時に、これが沖縄から本土への負担の押しつけにならないための取り組みも必要です。その一環として地位協定の見直しの問題を提起しています。

沖縄の第三海兵遠征軍はＥＡＢＯの「主要な努力の焦点」と明記されている

山本　昨年一二月頃から、地元メディアの方々といっしょに、海兵隊の最新戦略（ＥＡＢＯ）の勉強会をやっています。参加した記者の方は、その種の記事を書いてくれるようになっていますが、東京の本社の方だと軟弱地盤の話だけになってしまう傾向があるので、もっとこの問題の大切さをわかってもらうようにしたいと考えています。

オバマ政権のとき、二〇一二年の米軍再編の合意があり、キャンプ・シュワブの海兵隊をグアム、ハワイ、オーストラリアに移転する話がでてきました。あれは、中国のミサイル能力が向上しているから、ミサイルの届かないところに軍を遠ざけるという意図からきた話です。ところがその後、中国のミサイル能力が向上して、グアムにまで届くということになった。どこに遠ざけても中国のミサイルから米軍は逃れられないところにきて、二〇一七年にトランプ政権が誕生したとき、どうせ逃れられないのだったら、むしろ中国の懐に潜り込んで反撃するという、海兵隊と陸軍の戦略が新しく出てくるのです。懐に潜り込むために、より小規模の部隊が分散したかたちで、海、空、宇宙から同時に攻めるというところに、現在の海兵隊の戦略があるのです。それを実現しようとすれば、本土への訓練の分散移転が可能というだけでなく必要にもなり、新しい基地はいらないという話になる。つまり固定した基地をつくるとかえってねらわれるので、海兵隊がどこにいるかわからない、あるいはどこにでもいるという状況をつくり出し、あえて中国に近接した日本列島、台湾などの周辺で訓練を繰り返すことが大事になってくるというところを踏まえ、今回の提言ができているのです。

▽新しい戦略はすでに在沖米軍の訓練にもあらわれている

山本　さっき、元山さんが戦略のことをわかりやすくと言っておられましたが、琉球新報が今年の元旦の紙面で、ＥＡＢＯをイラストで描いています（次頁）。これは実際に実施された伊江島の訓練のイラストですが、海兵隊の最新戦略では、離島奪還が作戦の中心なのです。離島奪還のために、パラシュートで島に降下するのですが、伊江島は風が強いので、ちゃんと着陸できないで海に海兵隊が落っこちることがあるので、落ちた隊員を回収するためのゴムボートを出さなければいけなくなります。伊江島の訓練に際して本部港を使わせるか使わせないかの話で揉めたことは、沖縄の人は知っていることですが、それも海兵隊の最新戦略と直結して起きていることなのです。

元山　今回の提言は海兵隊の最新戦略にもとづいて提言をされていて、画期的だと思っています。同時に、この提言の線で進んでいくと、日本本土の自治体が新しい訓練移転を受け入れられない

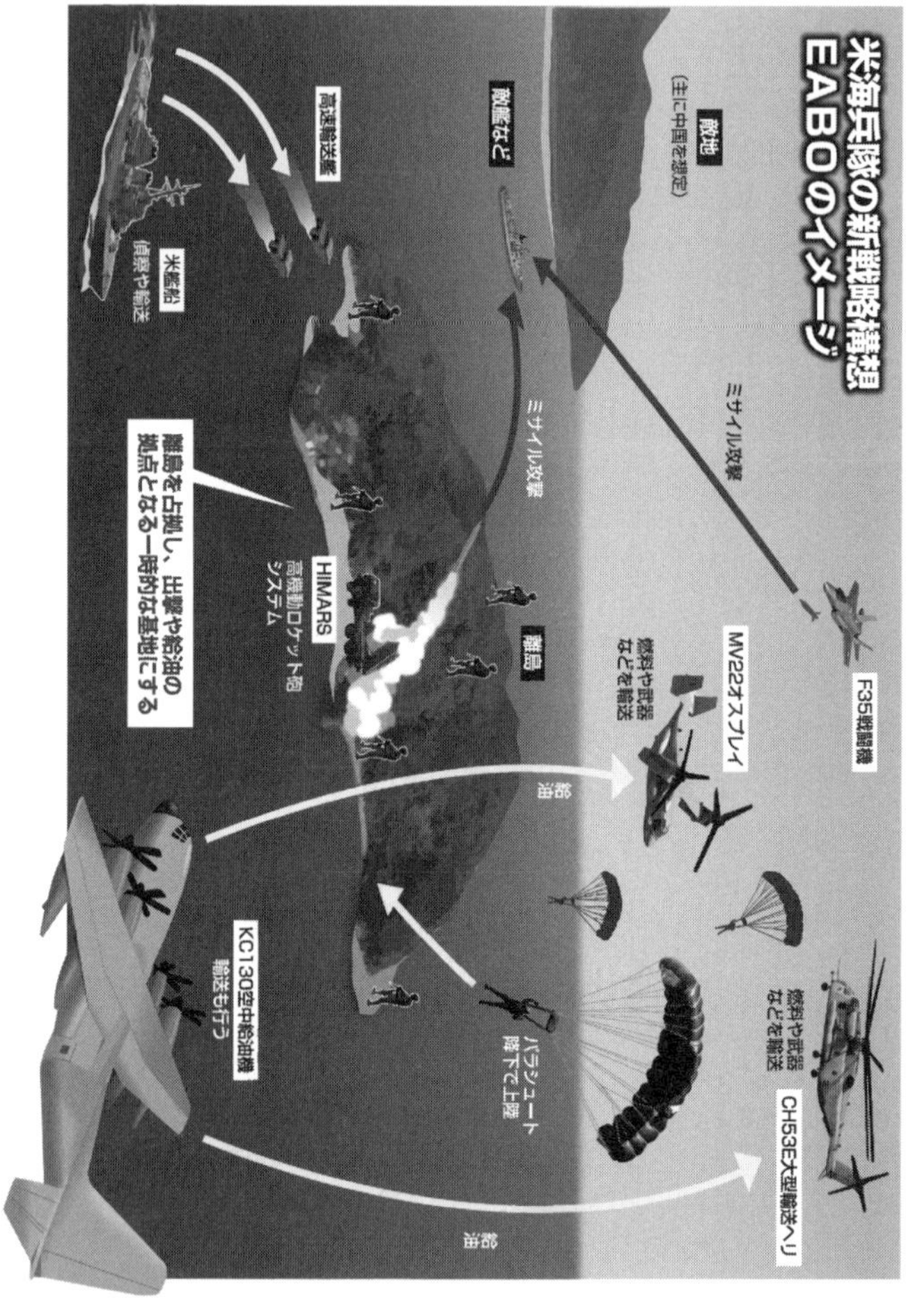
米海兵隊の新戦略構想
EABOのイメージ
敵地
（主に中国を想定）
敵艦など
ミサイル攻撃
ミサイル攻撃
F35戦闘機
MV22オスプレイ
燃料や武器などを輸送
燃料や武器などを輸送
CH53E大型輸送ヘリ
パラシュート降下で上陸
離島
HIMARS
高機動ロケット砲システム
給油
給油
KC130空中給油機
輸送も行う
離島を占拠し、出撃や給油の拠点となる一時的な基地にする
高速輸送艇
米艦船
偵察や輸送

（琉球新報社提供）

という問題が出ることが予想されます。その意味では、今回の提言は、沖縄のみならず日本全体で議論され、理解を深めていかなければいけないと思っています。今回の提言が社説等では取り上げられたが、軟弱地盤の話に終始したということでした。海兵隊の戦略の問題となると、一般の人にはなかなか難しいところがあると思います。そこを粘り強く、今回の提言に関わった識者の方たち、沖縄県の側が訴えていく必要があるでしょうね。

野添　ワシントンに行ったときに、向こうの安保専門家に言われたのは、海兵隊の兵力構成を大きく変えるようなことをやっているので、いま声を上げれば大きな影響を及ぼすかもしれないということでした。だからこそ、いまの段階で、沖縄県側から戦略について声を上げることが非常に重要だと考えています。

ただ、現在は新しい戦略に向けた模索をしている段階で、決定は今後のことになります。去年、バーガー海兵隊総司令官が着任し、海兵隊の戦略と兵力構成見直しを開始しました。そして今年三月、二〇三〇年に向けた海兵隊の兵力構成という文書が出まして、いくつかのフェーズがあるのですが、その第二段階まで終えたということです。ＥＡＢＯという作戦構想が完成するまでにあと五年かかるということです。

山本　時間がかかっている一番の問題は、予算の手当が十分ではないということです。ＥＡＢＯ

自体は、統合参謀本部という米軍の戦略をつかさどる部署に承認されていますが、作戦ができあがっていない。それは予算が十分ではないどころか、逆に予算が削られつつあるからで、最新戦略に沿った装備を揃えるために、人員を減らして、新しく海兵遠征連隊をつくるという報道が最近の地元紙に出ています。沖縄に新しく海兵隊を一個師団つくるような話ではなく、人件費を削ってその分を移動式の大砲を買うお金に振り分けるというようなことです。

野添　とにかく予算がない。それで、新しい戦略に振り分けるために、いまある部隊をどんどん潰していく。とくに砲兵部隊や歩兵部隊をどんどん減らしていって、それを新しい装備に切り替えるということをいま盛んにやっています。

元山　海兵隊の戦略などについての議論を、市民側がどう発信していくかは、なかなか難しいなと思います。戦略というのは、また五年後には変わる可能性もあるので、そういう意味でも難しい。オール沖縄会議が一度、沖縄の基地問題のポイントを映像化した「知らない沖縄」を出したことがありましたが、そういう映像のようなものでわかりやすく解説することも、一つの試みとしてあるべきではないかなと思います。

▽分散の具体化は地位協定の見直しの議論と一体に

――中国のミサイルに対する脆弱性ということで言うと、海兵隊だけの話ではありませんね。海軍や空軍でも戦略の見直しは進んでいるのですか。

野添　中国のミサイルに対して分散が必要だと一番最初に言い出したのは、空軍と海軍です。オバマ政権のときに、エア・シー・バトルという構想が出てきたときには、空軍と海軍が分散して第二列島線から中国を攻撃するという話でした。そこでは海兵隊の役割はなかったのです。それに対して最近は、海兵隊と陸軍が自分たちの役割を主張し出して、遠くからではなく、むしろ中国の近くで行動することで中国を抑止する作戦を主張している。

日本政府の中には、海兵隊は沖縄に固定化されていることが中国に対するメッセージになるという、人質論というような議論がありました。しかし、海兵隊も分散に力を入れることになって、日本政府の理解とはマッチしなくなっています。海兵隊は分散して、動き回って中国を抑止、攻撃する役割になってきているので、そこにわれわれは注目し、本土の自衛隊基地への海兵隊の配備、見直しができるのではないかと考えたのです。

海兵隊は沖縄の米軍基地の中で一番大きいわけですから、海兵隊を何とか縮小していくことが、沖縄基地問題の解決にとって最重要課題だと考えるからです。ちなみに、海軍や空軍は現在も兵力の分散を重視しています。

山本　海兵隊の最新戦略にのっとって、本土で自衛隊基地の共同使用を進めていくという話は、すでに進行中の話でもあるのです。中国にミサイルで狙われないように一か所に固まるということは徹底して避けるという戦略になっているので、現実として、北海道とか九州を中心に、自衛隊基地での共同訓練がどんどん増えています。ですから今回の提言も、現実に本土の自衛隊基地への訓練の分散がかなり進んでいるので、これにのっとって訓練を本土の自衛隊基地に分散していくべきだ、本土の自衛隊基地の共同使用を進めていくべきだという議論になっています。

ただそうすると、沖縄の負担が今度は本土に返ってくるという話になるので、当然反発が生まれます。二〇〇六年の米軍再編のときは、訓練の分散に抵抗する本土側の自治体が多かったので、普天間の本土移転の議論が頓挫しました。現状ではすでにはじまっているとはいえ、訓練の本土への分散が進むにあたって、地位協定見直しの問題を同時に進めていかないと無理だろうと思います。

大分県の日出生台《ひじゅうだい》の演習で問題になったように、沖縄県でやっていなかった訓練までプラスされて地元の負担がかえって重くなるようなことだと、本土側として訓練の分散移転は受け入れられないということになります。だから、万国津梁会議では、次年度は地位協定の改定の議論もセットでやり、訓練の分散移転が同時に自衛隊基地における米軍の訓練の機能強化とか、訓練拡大にならないようにするあり方を提起したいと考えています。

この問題は、今回の提言をまとめるにあたり、議論になった点です。つまり、どこまで踏み込んで本土での自衛隊基地の共同使用の話を書くかという問題で、あまり踏み込んで書きすぎると、本土側から提言に対する反発が起こるので、今回は具体的な訓練移転先などをいっさい書いていません。最初は地域名を書いていましたが、最終的には消しました。それは、訓練移転が機能強化になったり、訓練拡大になったらまずいという本土側の気持ちは、われわれも理解できるからです。だからこそ次年度は、訓練が移転される側の負担が重くならないような日米安保のあり方を、地位協定の見直しを組み込んで議論していく予定です。

▽「万国津梁」とは世界の架け橋という意味だから

――三つ目の、より長期的な問題についてご説明ください。

野添　中期的な海兵隊の戦略問題を議論していると、軍事に偏りすぎではないかという批判も出てくると思われます。これについては、三つ目のところで、われわれは米軍の抑止力のことだけではなくて、地域の緊張緩和と信頼醸成をセットで提言していることを理解していただきたいと思います。

長期的な課題を考える上で大切なことは、沖縄の人々には、最終的には沖縄は平和な島であってほしいという願いがあることです。そのビジョンを大事にしたい。

アジア太平洋地域では、中国の台頭に伴い、中国とアメリカが対立したり、中国と日本が対立したりしており、日本だけではなく世界全体に大きなダメージを与える問題が起きる可能性があります。しかし同時に、この地域は、経済的に非常に繁栄しており、世界で一番活力ある地域でもある。ですから、長期的な課題として、アジアにおける緊張緩和、信頼醸成を達成して安定的なアジアの秩序を構築することが大事だし、そのために沖縄が地域協力の拠点、ハブになり、平和な島になることを掲げることが大事です。

具体的には、沖縄において地域の安全保障や軍縮、災害支援などに関する定期的な会議を開催したり、そのための拠点となる研究機関をつくって県内外の機関と協力をしていくべきです。また、沖縄県が自治体外交を重視し、中国、台湾、韓国はもとよりオーストラリア、東南アジア諸国の自治体との交流を促進することなどを提案しています。

沖縄県が自治体外交によって地域の信頼醸成を促進していくことは、日本政府、とくに安倍政権の安全保障政策に対するオルターナティブでもあると思います。安全保障政策というのは抑止だけではだめで、対話とか緊張緩和とセットでなければうまくいかないのですが、現在の日本政府は抑止に偏りすぎています。そして日本政府が抑止を重視すればするほど、沖縄が重要だということで基地が固定化されるという悪循環が起きています。そこを転換することによって、地域をより安定的なものにすることをめざしました。

山本　現在の安倍政権というのは、二言目には抑止、抑止と言うのですが、安全保障で重要なのは、軍事力による抑止よりもむしろ外交による対話です。トランプ政権でさえ、北朝鮮との間では、軍事力による抑止ではなく外交交渉で核ミサイルの開発をやめさせる方向に向かっています。ですから、沖縄が外交交渉、対話による平和、安全保障の望ましい姿をもっと提案したり、モデルを示したりすることは、デニー県政のめざしている対話とか民間外交のあり方にもマッチするし、そこはもっと強調してよかったと思います。

報道では無視されているのですが、沖縄は観光県ということもあり、人と人との交流が非常に重要になってくるでしょう。元山さんが関わった県民投票もそうですが、その後の香港における若者のデモにも見られるように、若者の声がもっとクローズアップされていく必要があります。安全保障のあるべき姿を考えるときに、若者の声とアクションを重視する点でも、人と人との交流をアジア太平洋地域で広げていくことはかなりインパクトがあると思います。

野添　万国津梁というのは、もともと世界の架け橋という意味なのです。その点では、万国津梁会議という名前にふさわしい提言は、この三点目のところにあります。一番目の論点の辺野古の話とか、二番目の沖縄基地の戦略の話は、いまある状況を受け入れた上で何ができるかという話をしているのですが、三番目ではもっと前向きに議論しているのです。そして、世界の問題を解決するための沖縄の役割を提示するようにしました。山本さんが、若者が県民投票の結果でがっかりしたと言っていましたが、万国津梁会議の最初の議論の中で、委員長の柳澤さんが最初に言われたのも、若者に希望を与えるような提言にしてほしいということでした。それはこの部分にあると思います。

▽長期の問題、開かれた安全保障は今後の課題

元山　これまでの大田県政や仲井眞県政も、沖縄の基地返還アクションプログラムだとか、二一

世紀ビジョンだとか、沖縄の理想像は提示していたと思うのです。しかし、何と言っても基地問題が目先というか、一番の問題として存在しているので、そこをどう解決するのかと結びつかないと、なかなか長期的な問題に説得力を持たせるのも難しいのだと感じます。その点では、今回の提言で、アメリカ海兵隊の新戦略などにのっとりながら、うまく結びつけて再提示できているのではないでしょうか。

一方、国連が掲げるＳＤＧs（「Sustainable Development Goals 持続可能な開発目標」）は、新しい世界的な取り組みの潮流でもあると思うので、そこを沖縄が担っていけるというようなところを訴えることは、日本やアメリカだけではなくて、世界に対しても有効な手段でもあると思います、日米沖三者のみならず、世界に対して問題を発信することも可能性としてあると、いま話を聞いていて感じました。

野添　この長期の問題をもっと突っ込んで具体的に議論したほうがよかったと思います。たとえば、国連が掲げるＳＤＧsにもとづく安全保障のあり方や人間の安全保障の問題は沖縄の中でもこれまで議論されてきましたが、それを具体的にどのようにやっていくかについて、もっと検討すればよかったと思います。

山本　米軍基地問題に関する万国津梁会議に対しては、議論が非公開だということで、提言を出すまでの間、姿が見えないとか、県民の声を取り入れる会議のあり方になっていないという批判がありました。その点で、この三番目にある人と人との交流、アジアの信頼醸成という話は、県民全員を巻き込んでいく話です。開かれた安全保障のあり方は、外にだけではなくて、県民にも開かれているという意味で重要だと思います。

――その他、話し残したこと、聞き残したことがあれば。津梁会議の議論で意見がわかれたことはあるのですか。

野添　米軍基地の全面撤去と言ったほうがいいのか、交渉の余地を残すためにも基地の役割を一定程度は認めた上で削減をめざすかというところなどは、ニュアンスも含めて議論がありました。また、山本さんもさっき言ったように、本土への兵力の分散移転をどこまで具体的に打ち出すのか、本土からのハレーションを避けるためには押さえたほうがいいのではないかという意見と、議論を引き起こすためにも具体的にしたほうがいいという意見があり、議論がされたところです。

元山　普天間の本土への移設の話はたびたびありましたが、本土の自治体の反発があり、結局、頓挫してしまいました。今回の提言をもって、自衛隊基地のあるほかの都道府県や自治体に沖縄から出向き、話をしてみるようなことはあってもいいと思います。都道府県知事や市町村長だけではなく、市民の人たちともいっしょに考えていくようになってほしい。やはり難しいのは、基地のない地域に住んでいる人たちは、結局自分の問題として考えられないところにあるのです。そこにどう訴えるかが簡単にはいかない。沖縄県側が分散移転の対象になる自治体に対して、ただちに公になると難しいでしょうけれど、シンポジウムを開くなり勉強会を開くというところから、一緒に考えていく取り組みがあってもいいと思います。

いま野添先生から内部での議論のことがありましたが、米軍基地を全面撤去するのか、それとも削減を主張するのかは、沖縄の中でも意見がわかれるところなので、当然、万国津梁会議でもそうなるのだと思います。ただ、全面撤去という主張だと日本政府やアメリカのみならず、多くの日本の人々にも相手にされづらいのではという感覚もあるので、海兵隊の最新の戦略などの事実にもとづいて交渉のテーブルにつけるような構えというのを見せていく必要があると思います。そのような方向に提言がなっていますので、よかったのではないかと受け止めています。

▽辺野古移設は北朝鮮の核ミサイルが焦点だった時代の産物

元山　一つ質問があります。提言の冒頭にも、普天間移設問題の現状と背景が書かれていますが、そもそもなぜ県内移設しかないという話になったのでしょうか。証言や史料の分析から何か新しい視点があればお教え頂けますか。

山本　九六年にＳＡＣＯの中間報告、最終報告が出る時期というのは、アメリカの戦略がいまと全然違うのです。現在は、対中国の観点から辺野古も含めた沖縄の海兵隊をどう運用するが焦点になっていますけれども、当時、念頭にあったのは中国ではなくて北朝鮮です。朝鮮半島で有事が起きたときに、沖縄の海兵隊も含めた沖縄全体の基地をどう動かすかという話がまずあり、その上でＳＡＣＯでの普天間返還の議論があったのです。

そういう状況下での普天間返還はどういう意味を持っていたかというと、日米両政府にとっては、返還、リターンではなくて、リロケーションという位置づけでした。つまり、もっと使い勝手のいい基地をつくるために、老朽化した普天間を返すということです。普天間は町の真ん中にあって、住民にとって非常に危険な基地でもあるので、これから朝鮮有事を考えたときに、住民の協力、自治体の協力が得られないような場所にある基地よりも、もっと住民との対立が少ないような場所につくった基地のほうがいいだろうという判断です。

そしてなぜ県内移設なのかというと、嘉手納とセットだったからです。当時の戦略では嘉手納空軍の離発着基地として、普天間基地を使うということが大前提としてあった。どういうことかというと、朝鮮戦争がもう一回起きたときには、アメリカ本国から何十万人の増援部隊が沖縄に来ることになっており、その際、増援部隊を受け入れる場所として普天間が設定されていた。朝鮮有事の増援部隊のメインは空軍なので、空軍の増援部隊が来たときに、嘉手納では入りきらないので、普天間にも収容するということになっていたのです。ですから、日米両政府の頭の中には、最初から県外という選択肢はなかったのです。

現在は、すでに紹介したように、中国のミサイル能力がアメリカと拮抗するものになってきているので、北朝鮮の核ミサイルよりも中国をどう抑止するかがメインになっている。だから、固定した基地、増援部隊を受け入れる場所よりも、いまある部隊を分散するような運用の仕方のほうが望ましいということで、そもそも新しい基地は必要がないような米軍の戦略になっているから、いまこそ辺野古の問題も見直せるようになっているということです。

▽米軍の戦略変更が沖縄の基地見直しにつながらなかった理由

元山　北朝鮮を念頭に置いていた戦略を、いつごろから対中国に転換していったのですか。

野添　米軍再編計画が二〇〇五年、〇六年に合意されます。そのあたり頃から、とくに日本政府の中で中国に対する警戒が高まっていった。その中で、沖縄の基地も中国に向けてどうするかという議論が出て来る。

山本　ただ、二〇〇六年の米軍再編協議のときは、日本側、とくに外務省は中国を脅威として認めることを嫌がっており、北朝鮮に対する有事の計画もまだ変わっていませんでした。作戦計画はOPLAN5027のままで、朝鮮有事になったら何十万人の増援部隊を本国から沖縄に送るというものでした。オバマ政権の二〇一五年、朝鮮有事の作戦計画がOPLAN5015へと変わるのです。当時、イラク戦争で軍事予算が膨大になってしまい、これをいかに削るかがオバマ政権の至上命題だったから、朝鮮有事のときに増援部隊を何十万人も送る計画をやめてしまうのです。少数の特殊部隊が金政権の要人を暗殺する、その特殊部隊が核兵器を捜索して押さえ、無力化する。そういう作戦に変わるのです。

元山　そういう戦略の変更があるのに、現在のところ、SACO合意、辺野古への移設の見直しということになっていない。その原因はなんでしょうか。

野添　ＳＡＣＯ合意に関わっていた人がまだ政府の中にいることが大きいと思います。アメリカですと、キャンベルが九六年にＳＡＣＯに関わり、二〇一〇年代には国務次官補をやってきた。そういう人たちがずっと関わっていて、これまでやってきたことが間違いだったと自分たちで認められない。それが大きな原因ではないでしょうか。

安倍政権について言うと、辺野古移設が政権の存在理由のようになっている。自分たちの根拠にしているのは、民主党政権は失敗したけれど、自分たちはそれとは違って安定した政権だということが売りになっている。その民主党政権が失敗した最大の要因の一つは普天間基地の移設先で迷走したことなので、そこには手をつけられない。

元山　最後ですが、万国津梁会議は一応継続して活動することになっていて、野添先生も山本先生も、県側に近い立場にはあると思いますが、この提言にもとづいて沖縄県側、あるいは知事に対して望むことは何でしょうか。

野添　コロナの問題で、日本の財政とか経済もさらに悪化することになるでしょうが、同時に世界も大きく変わると思います。この状況だからこそ辺野古の見直しは、むしろ日本国民全体にとってメリットだと伝わりやすいので、沖縄県がそのような訴えができるように協力していきたいと考えます。

元山　万国津梁会議の予算自体は、県がつけているんですよね。知事としては、この報告書を基にどれを採用していくのかという政治的な決断というのをやらないといけないということなのでしょうか。

山本　今回の提言は、これまで沖縄県がやってきたことに、理論的な根拠を与えたという位置づけになると考えています。ですから、沖縄県が掲げる政策の実現を加速させるという気持で、知事には政治的リーダーシップを発揮してもらいたいと思います。

（司会は編集部）

〈インタビュー〉

「提言」を受けて沖縄県は何をやっていくのか

玉城デニー（沖縄県知事）

▽沖縄が世界の架け橋になるという意図を持って

――まず、知事が米軍基地問題に関する万国津梁会議を設置した意図、目的などについて、委員の人選理由も含めてお聞かせください。

万国津梁会議は、二一世紀の沖縄に求められる重要な課題、さらには沖縄にとって喫緊に解決すべき課題に対応するため、五つの分野で設置しています。人権・平和に関すること、情報・ネットワーク・行政に関すること、経済・財政に関すること、人材育成・教育・福祉・女性に関すること、自然・文化・スポーツに関することで、今回提言を出していただいた「米軍基地問題に関する万国津梁会議」は、そのうちの人権・平和に関する会議として位置づけられています。知事がこれらの分野で政策を実現するために自由に提言をしてもらう趣旨で設置しており、いわゆる諮問委員会とは少し性格が異なります。

そもそも万国津梁という言葉は、私の後ろにある屏風に書かれている文章の中にあります。この文章はもともと、一四五八年、琉球王国の尚泰久王の命によって鋳造され、首里城正殿にかけられていた梵鐘の銘文です。万国津梁とは世界の架け橋になる、世界につながるという意味を

秀以大明為輔車以日域為
齒在此二中間湧出之蓬莱
也以舟楫為萬國之津梁
至宝充満十方刹

もっていまして、一四世紀、一五世紀のころから、中国や東南アジアとの交易を通して、人と文化の架け橋を目指してきた琉球の先人の思いが込められているのです。その同じ銘文を、知事がお客様をお迎えする第一、第二応接室に飾らせていただいております。万国津梁会議も沖縄が様々なつながりを持とうという意味を込めて設置した訳です。

米軍基地問題に関する万国津梁会議では、日本や東アジア全体を取り巻く安全保障環境の変化を踏まえつつ、また人間の安全保障の観点なども踏まえた上で、沖縄の過重な基地負担の軽減ですとか、米軍基地の整理縮小に向けた議論をおこなっていただきたいというのが、設置した大きな目的です。さらに沖縄県としては、これまで日米両政府で合意された事案に加えて、ＳＡＣＯ（沖縄に関する特別行動委員会）プラス沖縄と言いましょうか、日米両政府に加えて当事者である沖縄も参画して、さらなる基地の整理縮小に向けた取り組みを進めるべきであると考えております。

そのような目的を実現するために、委員の選定にあたっては、当然のことではありますが、安全保障、日米外交、アジア外交、自衛隊や米軍の軍事協力、戦略的な役割などを専門とする方々を重視しました。七人の有識者へ就任をお願いし、内閣官房に勤めた経験を持つ柳澤協二さんが委員長として選ばれた次第です。

令和元年度三月末、初回となる提言をいただきましたので、私たちは現在、提言の内容を踏まえた上で、どのように日米両政府にアプローチをしていくかを具体化しているところです。会議は現在も継続しております。今後、県民の目に見える形での基地負担の軽減等に向けた沖縄県の取り組みについて議論をしていただき、令和二年度内には次の提言を出してもらえればと考えております。

――その最初の提言を受け取られて、率直に言ってどのような感想をお持ちになりましたか。

さすがにそれぞれの専門的な見地から、いろいろな方向性を踏まえて提言をしていただいていると思います。こういう形の議論となって私がもっとも望ましかったと思うのは、在沖米軍基地の抜本的な整理縮小をどうやって実現するかが、米軍の新しい戦略を見据えながら、日米の安全保障の体制構築をどうするのかという観点もふまえて提言されていることです。また、とくに海兵隊を中心として、よりコンパクトに、より機能的機動的にという見地で部隊を再編しようという動きがある中で、いわゆる普天間基地の移設問題では辺野古が唯一の解決策という政府の固定観念というものが、どれだけ米軍の戦略転換とずれているかということも、具体的に指摘されているところです。情勢の変化なども捉えながら、国民のみなさんにしっかりと負担軽減の課題を明らかにしていかないといけないということを、私はほんとうに強く思いました。

▽「辺野古が唯一の選択肢」の論理が成り立たなくなる中で

――提言の中で沖縄県に対しても三つの分野からの提言がされていますが、それぞれについて沖縄県はどうしようと考えておられますか。まず、普天間基地の危険性の除去の打開策という点ですが。

おっしゃるとおり、今般の万国津梁会議では、喫緊の課題、中期的な課題、長期的な展望に分けて、取り組むべき三つの時間軸の取り組みが示されています。普天間飛行場の危険性の除去という点については、喫緊の課題となります。そこから、中期的、長期的に見据えてどうすべきかということが提言されています。

ご承知のとおり、辺野古新基地建設の問題では、計画された当時は知られていなかった軟弱地盤の存在が明らかになりました。それによって非常に膨大な地盤改良工事が必要になり、かつて工事を経験したことがない深さにまで及ぶ技術が必要であることなど、全く新しい事実が明らかになってきています。政府の計画でも、あと一二年かかり、予算も九三〇〇億円をつぎ込むというのです。万国津梁会議の今回の提言では、技術的にも財政面からも当初の計画のような完成は困難であるということが示されています。

集中から分散へという米軍の戦略の見直しの中で、辺野古が唯一の選択肢という政府の論理が軍事的にも成り立たなくなっているということが、新しく明らかになった軟弱地盤の問題と密接に関係しています。今までなら、日本国民や沖縄県民の一部の方々の中にも、難しい工事ではあるだろうけれど、政府が言うとおりに工事をしていけば、次第に進んでいくんだろうという気持ちがあったと思います。そういう諦めにも似た思いを持たされていた方もいたかもしれません。

しかし、一つひとつの事実を明らかにしていくと、「これはとんでもないことだぞ」ということが伝わってくると思うのです。なぜなら、基地を完成させることが技術的に困難な上に、万が一完成したとしても海兵隊がその基地を必要としないということになる可能性もあるからです。

こういう中で、日本政府の果たすべき役割は、やはり本来の目的である普天間飛行場の速やかな危険性の除去と、運用停止を可能にするための方策を見いだすことであるべきです。万国津梁会議も、政府は本来の役割に戻り、そこに注力すべきであると提言しています。そして、日米両政府に沖縄も加えて、中長期的な米軍基地全体のあり方を考慮しつつ、普天間基地の早期の危険性の除去、運用停止をするための真摯な話し合い、協議の場を持つことが提言されているのです。沖縄県はもちろん、そのために積極的に努力します。

もう一点、万国津梁会議が沖縄県に求めているのは、辺野古新基地建設が現実的ではなく、それに替わる新たな打開策を見いだすことが、日本全体あるいは日米同盟にとっても有益であるということを、世論に対して積極的にアピールしていくことです。そういう国民的な関心を巻き起こしつつ、より具体的に現実的に話し合いをしていきたいという私たちの気持ちを示すことが大事だと言われているのです。普天間基地の返還に向けた道のりというのは、基地の一日も早い運用の停止と危険性の除去のための早期閉鎖も含めて、今までは、どちらかというと目標として語られていたことでした。それがより具体的なものになった。日米の同盟関係にもしっかりと根ざした上で、アジア全体の安全保障環境を見据えているという特徴を持った提言ですから、その中身をもっとわかりやすく国民に伝えていきたい、そのようなアピールをしていきたい。これらを同時並行的に進めていきたいと思います。

——技術的に困難な上にばく大な予算がかかるという点では、一二年で二〇〇〇億円もかかるからという同じ論理で、イージスアショアを秋田と山口に配備する計画が撤回されました。

その問題の前に、東京高検の黒川さんの定年延長を契機にした検察庁法の改正問題で、多くの国民の方々が反対の意思を示し、それが表面化してきたことに対して、安倍総理は国民の理解が得られないから法律の改正はできないとおっしゃったのです。それを受けて私はツイッターで、安倍総理がそうおっしゃるのであれば、県民の理解が得られない普天間基地の辺野古移設についても、どうか撤回をしてくださいとツイートしました。そうしたら、河野防衛大臣も秋田と山口におけるイージスアショアについては、その工期も費用もすぐに解決できることではないので中止するとおっしゃった。そこで私は、そうですよ、辺野古も同じですよ、そういうことであれば、大臣ご英断を、辺野古に基地をつくれないとおっしゃってくださいとツイートしたのです。工期も費用もバカにならないから中止するというのは、今まで私たちが主張してきたことを政府が認め、大臣が認めたことを意味しているのです。その翌日だったと思いますが、BSの番組で、元防衛大臣の中谷元さんも、自衛隊の強化を含めて辺野古の基地は見直すべきではないかとおっしゃっています。ことほどさように、米軍と自衛隊による共同の基地使用であるとか、共同の訓練であるとか、その運用と役割がさらにもっと展開していくにあたっては、辺野古に固定した基地をつくることの意味が問われてくるのです。世界情勢が刻々と変化していく中で、一二年もかけてそんな基地をつくる必要があるのでしょうか。沖縄県の試算では、二兆五五〇〇億円の費用がかかることも懸念されています。地盤改良工事がうまくいかなかったら、震度六の地震によっては、護岸そのものがいとも簡単に崩落する危険性もある。そういう事実を確認し、伝えていくために努力していきたいと思います。

▽分散化、小規模化した兵力の展開を重視する米軍戦略をふまえて

――二つめの中期的な課題になりますけれども、海兵隊の戦略的な問題や地位協定の改定などの問題で、

県としてどのような取り組みをされる予定でしょうか。

万国津梁会議の令和元年度の提言の中には、米国の中国に対する軍事的な優位性が失われて、在沖米軍専用施設が集中する沖縄の軍事的な脆弱性が認識されているということが示されています。それを背景にして、海兵隊を含めた米軍の戦略的な見直しがおこなわれていることが明らかにされており、そういう戦略環境の変化を踏まえて、在沖米軍兵力を日本本土を含むアジア太平洋各地に分散しながら、在沖米軍基地の整理縮小を加速させるべきだということも合わせて提言されています。

万国津梁会議の提言では、日米安保の安定的運用という観点からも、日米両政府に加えて、日本全体の七〇・三%の米軍専用施設面積を担わされている沖縄側がその議論に加わり、沖縄の今までと、現在と将来を含めて、その方向性を日米の協議に組み込ませていかなければいけないということが述べられています。沖縄県もほぼ同じ見地に立っています。

日米地位協定の改定については、在沖米軍基地の本土への分散もからみますので、沖縄だけではなくて日本全体の問題でもあります。従って、国民のみなさんに伝えていきながら、どのようにして分散、展開していくための戦略的な構想を提示していくかが、具体的に必要だろうと思います。

この問題を議論していく上では、提言の中で具体的に言及されているのですが、在沖米軍基地の中核をなす海兵隊の新作戦構想を正確に理解することが不可欠だと思います。これはＥＡＢＯと呼ばれているのですが、固定化され集中した基地に依存しないで、分散化、小規模化した兵力の展開を重視していくというものです。つまり、より展開力のある小編成部隊がローテーションし、そのローテーションするポイントをたくさんつくっていくべきであるという戦略なのです。そういう戦略的な変化があるから沖縄はこうすべきだと考えていると主張しないと、隣国の脅威論にかき消されたり、イデオロギー的な反対論に埋没したりしがちです。

沖縄における米軍基地の整理縮小は、その機能を日米の安全保障という観点からみてどこに展開していくかということが非常に重要なので、展開していく米軍に対して、日本政府、あるいは私たち沖縄が、どのようにコミットしていくのかということは、お互いが参画していく協議の場で明確にしていくべきだろうと思います。その協議の場では当然、安全保障に関する万国津梁会議からの提言は非常に大きなウエイトを占めると思います。

琉球國者南海勝地而鍾三韓之
秀以大明為輔車以日域為脣齒
在此二中間湧出之蓬萊嶋也以
舟楫為萬國之津梁異產至寶充
滿十方刹地靈人物遠扇和夏之
仁風故吾王大世主庚寅慶生尚
泰久茲承寶位於高天育蒼生於
厚地為興隆三寶報酬四恩新鑄
巨鐘以就本州中山國王殿前掛
着之定憲章于三代之後戢文武
于百王之前下濟三界群生上祝
萬歲寶位辱命相國住持溪隱安
潛叟求銘々曰須弥南畔世界洪
宏吾王出現濟苦衆生截流玉象
吼月華鯨泛溢四海震梵音聲覺

知事第一応接室の屏風　４行目に「萬国之津梁」の文字が見える

▽沖縄の魅力をもっと打ち出しながら

——次に長期的な問題です。沖縄をハブにして、アジア太平洋のネットワークをつくり上げていくということですが、この問題ではどんなイニシアチブを発揮されますか。

冒頭で、万国津梁という言葉の意味をお話しさせていただきました。沖縄は、一四、一五世紀の

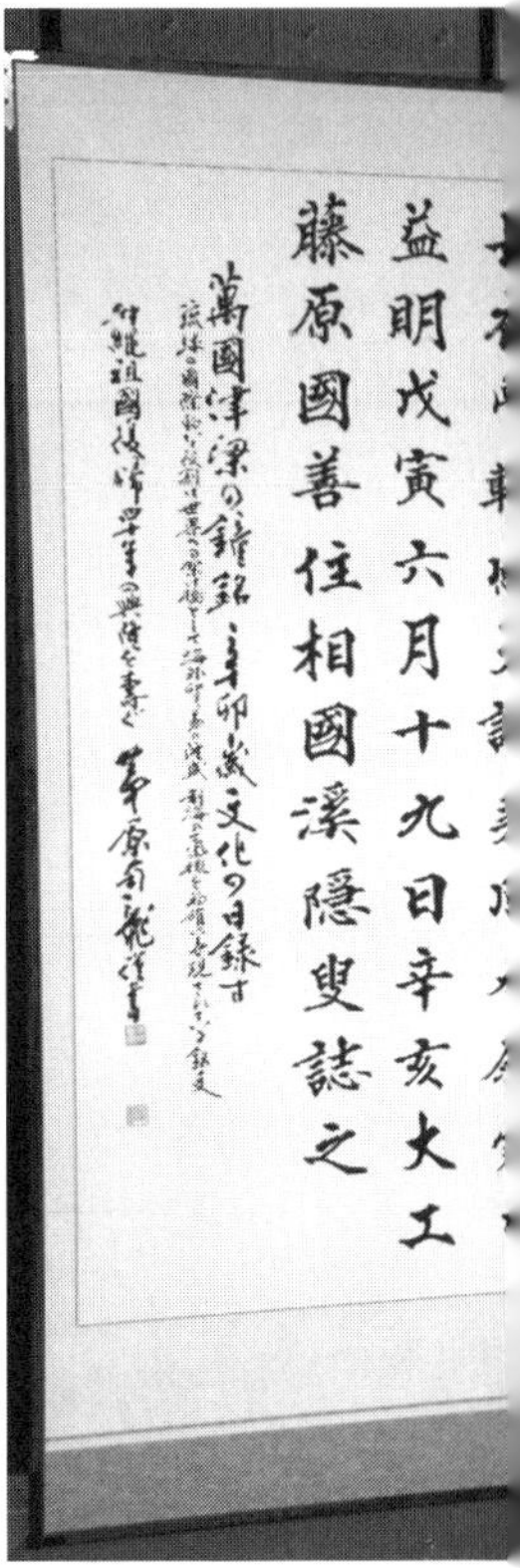

ころから当時の中国やアジアの国々との間で、人や物や文化が行き来していました。東アジアの中心的な場所に沖縄があるということは、まさに地理的な優位性があるということであり、アジア太平洋地域の結節点、ハブとしての沖縄の役割が非常に重要だと認識しています。

一方、万国津梁会議の提言の中では、アジア太平洋地域は安全保障面における緊張関係と経済面における緊密な結びつきという、二つの面をあわせもっていることが指摘されています。お互いが信頼関係を醸成していく中で、いかにしてできるだけ経済と平和の両立にウエイトをおいた交流、物流、人流をしていくのかということが、沖縄のもつハブ的な魅力につながっていくと思います。

沖縄がその歴史的、文化的、地理的な特性を生かして、アジア太平洋地域における地域協力ネットワークのポイントとなるためには、関係諸国の研究所や研究者に呼びかけて、地域の安全保障や人間の安全保障について、沖縄で議論することが大事だと考えています。私は、おととし、ニューヨークの国連本部で、国連事務次長の中満泉さんとお会いしたのですが、その際、沖縄をアジアにおけるファーストレディー、トップレディーのための会議を開けるような場所にしたいとお話ししました。女性がいかにして未来をつくっていくのか、それぞれの地域や各業界や団体における女性のみなさんの結束を、どう世界全体の平和につなげていくのかを構想していくことが大事と捉えています。沖縄がそのようなヒューマンネットワークのハブにもなって、そのための計画を一緒にやっていきたいとお話をさせていただいたのです。中満さんからは非常に強い共感をいただきました。

沖縄が歴史的に担わされてきたものがいくつも存在しており、とくに戦後の米軍基地の重圧というものが顕在しています。その重さから解放されていくためには、沖縄の持っている魅力と潜在力がアジア全体の振興と密接であることを、いろんな方向性で表していくことが大事だと思っています。

例えば、私は自分の選挙のときからずっと3つのDという提唱を大事にしてきました。私がデニーですので、Dにこだわって私の考え方として表してみたものです。

一つは、ダイバーシティー（Diversity）、多様性です。自立と共生と多様性を自分の県政の軸として据えていますので、沖縄を多様性をもっている島にするということを表しました。

もう一つは、なんといってもデモクラシー（Democracy）です。民主主義を実現させるために取り組んできた沖縄県民の時間軸をたどってみても、これから先、ダイバーシティーとデモクラシーを求めていく思いを共通して掲げていきたいという信念を持ちたいのです。

そのためにも、人的に外交していくことが大事です。自分たちから積極的に万国津梁として出かけていくというディプロマシー（Diplomacy）、自治体外交が重要だと考えています。

そのように本来沖縄が持っているものを、県の事業あるいは観光や学術や人的交流にもっとつなげていけば、沖縄は間違いなくアジア太平洋地域におけるハブになれます。たとえば沖縄から移民として出かけていった南太平洋の国々の方々、南米の方々のウチナンチュネットワークも、沖縄をハブとして使っていくための重要なつながりだと思っています。それをコネクトしていくことによって、平和だからこそ経済という環境を、できるだけ面的に広げていく。そのためのネットワーク、ハブの重要性をいろんな関係者のみなさんと、いろんな会議を通じてさらに構築していけるようになりたいと思います。

▽沖縄のことを自分ごととして考えてもらうために

——最後ですが、関連して強調したい点がありましたら、お話しください。

あらためてお話をさせていただきたいのは、日米安全保障体制がアジア太平洋地域の平和と安定の維持に寄与してきたということを、沖縄県は十分認識しているということです。しかし、戦後七五年を経た現在も、国土面積のわずか〇・六％しかない沖縄に、日本全体の実に七〇・三％もの面積の米軍専用施設が存在しつづけるというのは、どう考えても異常としかいいようがありません。これが異常であるという現実をしっかり見据え、いまと将来を見据えて、どう解決していくのか。その意識を国民のみなさんと共有することが、国民主権の国であり、民主主義の国家である日本に生きる私たちにとって重要であろうと思います。

アメリカでは、警察官によって黒人の男性が死に至った事件をめぐり、「黒人の命も大切だ(Black Lives Matter)」という運動が起こりました。われわれは声を上げていいんだ、怒っていいんだ、われわれは人が本来もっている尊厳をもっと享受していいんだという声がアメリカで起こり、世界中に広がっています。沖縄県民も同じように、われわれはもっと基地の重圧から逃れるための声を出していいんだ、行動してもいいんだということを、自信をもって主張していく時が来ています。そういう運動を通して、戦後の厳しい時代を生きてきた方々、とくに二七年間というアメリカの施政権下にあっても、自由や人権を獲得するために取り組んでこられた各界各層にいらっしゃる方々の気持ちを、現在の一般の県民の人々につないでいくべきであろうと思います。また、その気持ちを沖縄県にとどまらず、日本国民全体が共有できるようにして、私たちの地域は沖縄とともにあるのだ、私たちの国も沖縄とともに進んでいくのだと、より多くの連帯を広げていけることを、私は信じて行動していきたいと思います。

昨年、北海道や名古屋、大阪などをトークキャラバンと銘打って訪問し、沖縄を自分のこととして受け止めてもらえるように、沖縄の現状を語り、沖縄は何を求めているのかを語ってきました。例えば、地位協定の問題にしても、これは沖縄固有の話ではなく、日本国民一人ひとりに関わっている重要な問題だということを、できるだけ沖縄における事例をひもときながらお話をさせていただきました。あるいは、沖縄に米軍基地が集中している問題も、札幌で話をさせていただいたときには、ちょうど札幌の人口と面積は沖縄と近いものですから、工夫をしてみました。札幌市の地図を広げて、想像してみてください、とお話ししました。札幌のみなさん、沖縄にある七〇・三%の米軍基地を札幌の場合だとどこに置けばいいのか実際に書いてみてください。そうすれば、どれだけの米軍基地が札幌市にあるのか、本当に札幌市にこれだけ必要なのか、考えるきっかけになるのではないでしょうか。そのことが、沖縄のことを自分ごととして受け止めていただくことになるし、国民主権の国家に生きるみなさんと私たちの共通する民主主義の尊厳ですよという話をしたのです。会場におられた多くの方々が共感をしてくださった手応えがありました。

私は県知事として、これからも多くの国民の方々に説明し、沖縄のことを自分ごととして考えていただけるようにしたい。日本の未来をどういう姿として、次の世代、次の次の世代に渡していけるのか、いまのわれわれの世代がどう責任をもって行動し、どう伝えていくのかということを、沖縄の戦後を風化させないという気持ちとつなげながら、しっかり伝えていきたいと思います。そのために、万国津梁会議をはじめとするさまざま専門の委員の方々にも、より具体的現実的な提言をしていただきながら、誰一人取り残すことのない社会を構築していくという目標に向かって、たとえどんなに状況が困難であろうとも、そこに存在する困難を一つひとつ確認しながら、ではこの困難を解決するためにはどういう方法があるのかということを考え抜き、真剣に議論して取り組んでいきたい。多くの方々と分かち合って取り組んでいきたいと思います。

（聞き手は編集部）

在沖米軍基地の整理・縮小についての提言

令和２年３月

米軍基地問題に関する万国津梁会議

目次

【概要】「米軍基地問題に関する万国津梁会議」の提言

【提言のポイント】

1．辺野古新基地計画は、軟弱地盤の存在が明らかになるなど、技術的にも財政面からも完成が困難であることが明白になりつつある。日本政府は本来の目的である普天間飛行場の速やかな危険性除去と運用停止を可能にする方策を、米国政府や沖縄県とも協議しつつ、早急に具体化すべきである。

2．近年、米国の中国に対する軍事的優勢が失われ、沖縄の軍事的な脆弱性が認識される中で、海兵隊を含めた米軍の戦略見直しが進んでいる。日米両政府はこのような戦略環境の変化を踏まえ、在沖米軍兵力を日本本土を含むアジア太平洋各地に分散しながら、在沖米軍基地の整理縮小を加速させるべきである。

3．これからのアジア太平洋地域の課題は域内における緊張緩和と信頼醸成であり、沖縄県はその歴史的、文化的、地理的な特性を活かし、アジア太平洋における地域協力ネットワークのハブ（結節点）となることを目指すべきである。そのためには関係各国の研究者や実務家、自治体間の交流を推進する場を設けることが重要であり、その際には内外のシンクタンクや県内に設置されている関係諸機関と連携を進めることが望ましい。

【各項目の概要】

1．辺野古新基地計画は完成が困難であり、本来の目的である普天間飛行場の速やかな危険性除去と運用停止を可能にする方策を早急に具体化すべきである。

① 辺野古新基地計画は、軟弱地盤が見つかるなど技術的に完成が困難で、政府による見通しでもこれから10年以上の期間を要する上に、現状でも1兆円近い工費がさらに膨張することも予想される。日本政府は、本来の目的が新基地建設ではなく、普天間飛行場の速やかな危険性除去と運用停止であることを改めて認識し、それを可能にする方策を早急に具体化すべきである。その際、同飛行場の海兵隊航空部隊の訓練の県外・国外移転をさらに進めることも考慮されるべきである。

② 上記の方策を具体化するため、日本政府、米国政府、沖縄県が関わる形で専門家会合を設置することを提案する。そこでは普天間飛行場の速やかな危険性除去と運用停止を可能にするための同基地の機能分散や、中長期的な沖縄米軍基地全般のあり方も検討されるべきである。

③ 沖縄県は、日米両国の政府、専門家、世論に対し、普天間飛行場の速やかな危険性除去のためには、辺野古新基地計画はもはや「唯一の解決策」にはなり得ず、完成すら困難であること、民主主義や環境破壊のみならず、財政や安全保障の観点から見ても現行案のような「大規模で恒久的な新基地建設」は合理的ではなく、新たな打開

策を見出すことが日本全体、また日米同盟にとっても有益であることを積極的にアピールし、国民的関心を喚起していくべきである。

2．近年の安全保障環境を踏まえて沖縄米軍基地の整理縮小に取り組むべきである。

① 日米両政府は、中国のミサイル能力の向上とそれに伴う米軍基地の脆弱化といったアジア太平洋における近年の安全保障環境の変化を踏まえ、米軍の兵力構成や基地のあり方を柔軟に再検討し、沖縄米軍基地の整理縮小を加速させるべきである。その際、日米安保の安定的運用という観点からも沖縄県の意見を反映させることが重要である。普天間飛行場の返還を含めたこれらの課題について、上記１－②で提案した専門家会合で検討することも一案である。

② 沖縄米軍基地における最大の兵力である海兵隊の駐留のあり方を見直すべきである。一つの方策として、沖縄に駐留する海兵隊の日本本土の自衛隊基地への分散移転・ローテーション配備とともに、自衛隊と米軍による基地の共同使用を進めることも考えられる。さらに日米両国政府は、沖縄の海兵隊のアジア各地への分散移転・ローテーション配備を進めるなど、安全保障環境の変化に対応した創造的な戦略対話を開始すべきである。

③ 沖縄県は、本土の都道府県、市町村と米軍基地や日米地位協定をめぐる問題について情報交換や連携をさらに強

め、基地負担や日米地位協定が沖縄だけでなく、日本全体の問題であるという気運を高めていくべきである。

3.沖縄はアジア太平洋における緊張緩和・信頼醸成のための結節点を目指すべきである。

① アジア太平洋地域は、安全保障面における緊張関係と経済面における緊密な結びつきという二つの面を併せ持っている。さらなる繁栄と安定を維持するためには抑止力の強化だけでなく、域内における緊張緩和と信頼醸成が今後の重要な政治的課題になると認識すべきである。

② 沖縄は域内有数の観光地であるだけでなく、貿易によって広くアジアを結んだ大交易時代や苛烈な沖縄戦の経験など、アジア太平洋の過去と未来、平和と安全保障を考える上でまたとない思索の場である。沖縄県はそのような特性を活かし、アジア太平洋における地域協力ネットワークのハブ（結節点）となることを目指すべきである。域内対話のための定期的な会議の開催や、そのための拠点となる機関の創設などが検討されるべきである。その際、内外のシンクタンクや県内に設置されている関係諸機関と積極的な連携を進めることが望ましい。

③ 沖縄が「アジア太平洋における地域協力ネットワークのハブ（結節点）である」という認識を内外に広めるためにも、沖縄県は自治体間の国際的な交流をより積極的に展開し、地域協力のネットワーク構築を自治体の立場から下支えするべきである。

はじめに

沖縄県は日本全国の面積の0.6%であるにもかかわらず、在日米軍専用施設面積の70.3%が集中し（2020年1月時点）、県民は長年にわたって過重な負担を強いられてきた。さらに近年では米軍普天間飛行場の移設をめぐって、政府が辺野古新基地建設を「唯一の解決策」だとして工事に着手する一方、新たな基地建設は容認できないとする沖縄県と激しい対立が生じている。

このような状況を受けて「米軍基地問題に関する万国津梁会議」は、「在沖米軍基地の整理・縮小」をテーマに課題を検討し、沖縄県知事に提言を行うために設置された。本提言書は2019年度における会議での検討を踏まえ、国際情勢や米軍基地のあり方を分析した上で、沖縄米軍基地の整理・縮小に向けた提言を行うものである。

上記のテーマについて検討する際、問題は自ずと日米同盟のあり方やアジア太平洋の国際情勢、そして日本国内における民主主義や地方自治などに及ぶことになる。また、米軍基地に関わる問題である以上、軍事的合理性という観点も当然、重要である。本提言は軍事的合理性も重視しつつ、それが沖縄米軍基地の整理・縮小と両立し得る道筋を探った。

また、沖縄米軍基地のあり方は、アジア太平洋地域の未来をどのように構想するかというビジョンにも関わる。本提言が重視したもう一つの観点は、沖縄をめぐる問題を、広く地域秩序の将来ビジョンの中に位置づけることである。現在のアジア太平洋には、安全保障面における緊張関係と経済面における緊密な結びつきという二つの面が併存している。その中で沖縄が果たすべき役割についても考察と提言を盛り込んだ。

本提言は、喫緊の課題、中期的な課題、そして長期的な展望に

基づいて取り組むべきものを、三つの時間軸に分けて提言を行っている。

まず喫緊の課題である辺野古新基地問題について、新基地計画は技術的にも財政面からも完成が困難であることが明白になりつつあり、本来の目的である普天間飛行場の速やかな危険性除去と運用停止を可能にする方策を早急に具体化する必要があること、そのために日本政府は米国政府、沖縄県との協議を開始すべきだとした。

次に中期的な課題である沖縄米軍基地の整理縮小について、近年の安全保障環境において、中国のミサイル能力が向上し、沖縄の米軍基地の脆弱性が高まっていることも踏まえ、在沖米軍兵力を日本本土を含むアジア太平洋各地に分散しながら、沖縄米軍基地の整理縮小を加速させるべきであるとした。

そして長期的な課題として、沖縄米軍基地の一層の縮小を可能にするような地域秩序について展望し、これからのアジア太平洋地域の課題は域内における緊張緩和と信頼醸成であること、沖縄県はその歴史的、文化的、地理的な特性を活かし、アジア太平洋における地域協力ネットワークのハブ（結節点）となることを目指すべきであり、そのための施策を展開すべきであるとした。

沖縄米軍基地をめぐっては近年、辺野古新基地建設計画の是非と、政府と沖縄県との対立に関心が集中する傾向にあった。本提言は、新基地計画の行き詰まりが明白になりつつある中、沖縄基地問題をより広い文脈と将来ビジョンの中に位置づけ、沖縄基地問題をめぐる議論が活力と未来への展望を取り戻す上で呼び水となることを期するものである。

1. 辺野古新基地計画と普天間飛行場の危険性除去・運用停止について

●現状と経緯

普天間飛行場の辺野古移設問題は、近年、沖縄の米軍基地をめぐる最大の争点となっている。普天間飛行場は沖縄県宜野湾市の中心部に位置しており、周囲を近接する住宅や学校に囲まれていることから、「世界一危険な基地」と言われてきた。普天間飛行場の面積は480.6ha、第三海兵遠征軍の航空部隊である第一海兵航空団に所属する第36海兵航空群のホームベースであり、MV22オスプレイなど58機が所属している[1]。

現在の普天間飛行場には、かつて宜野湾村の集落があった。しかし1945年3月から本格化した沖縄戦の最中に上陸した米軍が集落を破壊し、普天間飛行場を建設した。1955年にはそれまで日本本土にあった海兵隊基地の沖縄への移転が始まり、1960年にはそれまで空軍の基地だった普天間飛行場は海兵隊の基地となった。ヘリコプター部隊の配備など普天間飛行場の基地機能が拡充される一方で宜野湾市の人口は増加し、1985年と1988年には当時の西銘順治知事が訪米し、普天間飛行場の返還を米国政府に要求している。

1995年9月、3人の米兵によって12歳の少女が暴行されるという痛ましい事件をきっかけに、日米両政府は同年11月、「沖縄に関する特別行動委員会（SACO）」を設置し、1996年4月には普天間飛行場の全面返還に合意する。しかし同飛行場の返還は、移設が条件となったことから、その後、移設先をめぐって四半世紀近くこの問題は解決していない。1996年12月に発表され

1）沖縄県知事公室基地対策課『沖縄の米軍基地』平成30年12月、232－233頁。

たSACO最終報告では、沖縄本島東海岸沖に撤去可能な海上施設を追求するとされていた。その後、移設計画は変更され、2006年5月の在日米軍再編計画で、普天間飛行場の代替施設として名護市辺野古沿岸に約1800mのV字型の二本の滑走路を有する新基地を建設するという現行計画が合意された。

しかし、現行の辺野古新基地建設計画は沖縄県民の強い反発に直面することになった。2013年12月には当時の仲井眞弘多知事が移設工事に向けた埋立てを承認し、再選時の普天間飛行場の県外移設という公約を覆して辺野古移設を事実上容認した。とはいえこの時、仲井眞知事は普天間飛行場の5年以内の運用停止を含む4項目の基地負担軽減策を政府に求め、政府も「最大限の努力」を約束したことを指摘しておく必要がある。

公約を翻した仲井眞知事の判断は県民の強い反発を引き起こし、同氏は2014年11月の知事選で辺野古新基地建設に反対する翁長雄志氏に大敗し、翁長知事が在職中に急逝したことを受けた2018年9月の知事選では、やはり新基地反対を掲げた玉城デニー氏が当選した。2019年2月には、辺野古新基地建設のための埋立ての賛否を問う県民投票が実施され、投票数の71.7%にあたる43万4273票が「反対」の意思を表明した。

この間、政府は辺野古現行案が普天間飛行場の危険性除去のための「唯一の解決策」だとする姿勢を変えず、2018年12月には辺野古沿岸への土砂投入を開始した。沖縄での強い反発を押し切る形で埋立てに着手した辺野古新基地計画だが、最近になって、建設予定区域である大浦湾の海底に想定以上の軟弱地盤が広がっていることが明らかになっている。新基地計画の完成は技術的にも困難ではないかという指摘が相次ぐ中、政府は工事を進める姿勢を変えていない。

●論点

・沖縄県の主張

沖縄県は「世界一危険な基地」と言われる普天間飛行場の一日も早い運用停止と危険性除去を求めている。一方で普天間飛行場の固定化は絶対に避けるべきであり、積極的に県外移設に取り組むべきだという立場をとっている[2]。

沖縄県が辺野古新基地計画に反対しているのは以下の理由による。第一に、沖縄県は国土面積の0.6%であるにもかかわらず、日本における米軍専用施設面積の約7割が存在する。その中で新たに基地が建設されることは、過重な基地負担や基地負担の格差を固定化することになりかねない。また、そもそも普天間飛行場を含め沖縄の米軍基地の多くは、戦中・戦後の米軍占領下で住民が収容所に隔離されている間に集落や畑を破壊して建設された。このような経緯を踏まえれば、普天間飛行場移設を理由に新たな基地を建設することは受け入れ難い。

第二に、新基地建設予定地の辺野古・大浦湾周辺は、絶滅危惧種262種を含む5300種以上の海域生物が確認される生物多様性豊かな海域である。新基地建設は、貴重な生物多様性を損ない、かけがえのない生物の生存をおびやかす恐れがある。

第三に、新基地建設予定地の大浦湾の海底に軟弱地盤が広がっていることである。国が示している資料によれば、今後必要となる地盤改良工事に約5 年、その後の埋立て工事に5年、埋立て完了後の飛行場施設整備等に3年を要するとされており、新基地建設完成には13年の工期がかかることになる。現行計画に固執することによって、普天間飛行場周辺住民の危険を長期にわたって放置することになる。

2）同上書、106頁；沖縄県『沖縄から伝えたい。米軍基地の話。』25頁。

また、軟弱地盤の存在によって、当初の計画よりも埋立て費用は巨額なものになることが確実である。2019年12月以前には政府は埋立て工事に必要な費用や辺野古移設に必要な総事業費を示していなかったため、沖縄県は、2018年11月の政府との集中協議に当たり、県として大まかな目安をもつために、辺野古移設に要する総事業費を沖縄防衛局から当時示されていた情報などをもとに概算で最大2兆5500億円と試算していた。その後、2019年12月25日に政府は約9300億円という総工費を公表したが、いずれにしても今後、地盤改良のために莫大な税金を投入することは明らかである。

さらに地盤改良後も、埋立地では地盤沈下がおきることが予想され、しかも地盤が均一ではないため不均一な地盤沈下（不等沈下）が生じる恐れがある。沖縄防衛局の検討委員会の資料によれば、地盤改良を実施したとしても、約70年後も地盤沈下が続くことが予測され、長年にわたって不等沈下対策に莫大な経費を必要とする。

その上、米軍の基準では滑走路の端から300m未満で勾配の変化がないことを求めているが、沖縄防衛局が示す見直し計画では、この範囲で毎年地盤沈下が予測され、米軍の基準に反していると考えられる。また大型の護岸が設置される地点は軟弱地盤が水深90mまで続くため、崩壊する可能性があると専門家によって指摘されている。

・日本政府の主張

一方、日本政府は沖縄の基地負担の軽減につながるとして、辺野古移設の妥当性を主張している[3]。具体的には第一に、辺野古移

3）防衛省・自衛隊『日本の防衛』令和元年、335‒337頁。

設によって普天間飛行場の機能が分散されることである。普天間飛行場には、①オスプレイなどの運用機能、②空中給油機の運用機能、③緊急時の航空機受け入れ機能の3つの機能がある。このうち、②の機能についてはすでにKC130空中給油機15機が山口県の岩国基地へ移駐した。さらに③の機能は、九州の築城基地や新田原基地へ移転することになっている。辺野古には①の機能のみが移設されるという。

第二に、辺野古移設によって基地面積が縮小されることである。普天間飛行場の面積は約480haだが、辺野古移設による埋立て面積は約160haと約3分の1となる。また、普天間飛行場の滑走路は約2740mだが、移設後の滑走路はオーバーランを含めて1800mと短縮される。

第三に、騒音や危険性が軽減されることである。地元の要望もあって、辺野古新基地には滑走路がV字型に二本設置されるので、離陸・着陸いずれの飛行経路も海上になる。訓練などで日常的に使用される飛行経路は、普天間飛行場では市街地上空であったが、移設によって海上に変更されることで、騒音や危険性が軽減されるという。政府は環境影響評価手続きを完了し、環境にも十分配慮していると主張している。

一方で政府は、安全保障上の理由から普天間飛行場を沖縄県内に移設する必要があると主張する。まず、東アジアの安全保障環境には不確実性があることから、安全保障上重要な位置にある沖縄に海兵隊が駐留をつづけることが必要だとする。機動性と即応性を特徴とする海兵隊の運用のためには司令部、陸上、航空、後方支援の部隊や機能が相互に連携することが不可欠であり、訓練・演習などで日常的に航空部隊と陸上部隊が活動することができるよう、普天間飛行場の代替施設も沖縄県内に設ける必要があるという説明である。

なお政府は、軟弱地盤に対応するための地盤改良工事を追加する場合、辺野古移設の工期・工費は、現時点での見積もりとして、提供手続完了まで約12年、総工費が約9300億円と発表した(2019年12月25日)。

・主要な論点についての検証

ここまで沖縄県と政府の主張を概観したが、政府の主張にはさまざまな問題点が存在する。政府が辺野古新基地計画推進の理由として挙げている①普天間飛行場の機能分散、②基地面積の縮小、③騒音や危険性の軽減、④安全保障上の理由、の四点について、以下で順番に検証する。

まず①だが、辺野古移設によって普天間飛行場の機能分散と沖縄の基地負担の軽減が進むかどうかは疑わしい。普天間飛行場が持つ機能のうち、空中給油機能については、確かに空中給油機KC130は岩国基地に移駐したが、2017年の米政府会計監査院の報告書によれば、岩国周辺に十分な訓練地がないために、沖縄に戻って訓練している[4]。岩国に移駐しても訓練を沖縄に戻って実施しているのでは、沖縄の負担軽減とはいえない。岩国移駐後のKC130に訓練地を整備・提供するのは日本政府の責任となっているが、それが不十分なために実質的な沖縄の負担軽減に結びついていないのが現状である。

また、緊急時の航空機受け入れ機能については、米国側が、辺野古新基地に予定されている滑走路では長さが不足しており、普天間飛行場の代替はできないとしている。そこで米国側は、有事の際には十分な長さの滑走路を持つ日本の民間空港が使用できる

4) United States General Accounting Office, *Marine Corps Asia Pacific Realignment:DOD Should resolve Capability Deficiencies and Infrastructure Risks and Revise Cost Estimates*, April, 2017, p. 19.

ことを普天間飛行場返還の条件に挙げている。しかし日本側ではこの条件を満たす民間空港の使用を現在も確保できていないため、最悪の場合には、辺野古新基地が完成しても普天間飛行場の米軍による使用は継続されるというシナリオもあり得る。

具体的には、2013年に日米両政府間で合意された「統合計画」において、普天間飛行場の返還条件を列挙しており、その中で九州の自衛隊基地である築城・新田原基地の整備に加え、「普天間飛行場代替施設では確保されない長い滑走路を用いた活動のための緊急時における民間施設の使用の改善」を求めると明記されている[5]。辺野古新基地の滑走路そのものは1200mであり、両端の300mのオーバーランを離陸時に実質的に滑走路として使用することができるようにしているが、それでは有事の所要を満たすことができないと見なしているのである。

また2017年の米政府会計監査院の報告書も同様に、辺野古新基地に予定されている滑走路は有事の際には十分な長さがないこと、その代わりとなる民間空港がまだ決まっていないことに言及した上で、普天間移設に伴う代替の滑走路の提供は日本政府の責任だと指摘している[6]。それが返還条件である以上、有事において使用できる民間空港を提供できなければ、辺野古新基地が建設されても米軍の戦略には大きな穴が開くこととなり、最悪の場合、普天間飛行場が返還されずに米軍による使用が続く可能性もある。

また、そもそも緊急時における航空機受け入れ機能の分散はあくまで有事におけるものに過ぎない。したがって、より大きな問題である、訓練などによる平時からの沖縄県民への負担は軽減さ

---

5)「沖縄における在日米軍施設・区域に関する統合計画（仮訳)」平成25年4月、19頁。

6) GAO, *Marine Corps Asia Pacific Realignment, pp*. 21-22.

れない。

次に②の基地面積の縮小である。確かに辺野古新基地建設による埋立て面積は普天間飛行場の面積よりも小さいが、これは比較すること自体が不適切だというべきだろう。そもそも在日米軍専用施設の多くが沖縄に集中しており、その中で普天間飛行場は沖縄の全米軍基地の面積の約2.6%に過ぎない。その普天間飛行場の移設先として、沖縄県内で、海を埋め立て、新基地を新たに建設すること自体が、沖縄の過重な基地負担の軽減という方向性に逆行するものだと言わざるを得ない。近年の知事選挙や県民投票で示されてきた沖縄県民の根強い反対は、新基地建設が沖縄県民にとって受け入れ難いものであることを示している。

また辺野古新基地の滑走路は、確かに普天間飛行場の滑走路よりも短くなるが、前述のように、有事の際には使用できないことが米国側から問題視されている。

そして③の騒音や危険性の軽減だが、これは本来、普天間基地機能の辺野古移設とは関係なく取り組むべき問題である。また、辺野古新基地に関しても、V字型の二本の滑走路によって離発着を分けるとされているが、「運用上の所要から必要とされるとき」などには、「もう一本の滑走路が使用される」ことが政府資料で明記されている。このことは、米軍の運用次第で二本の滑走路が同時に使用される可能性があることを意味している。また、2016年12月に名護市安部の浅瀬にオスプレイが墜落、2017年10月に沖縄県北部の東村高江にCH53Eが墜落・炎上した。これらは、どこに基地が置かれようと危険性があることを示している。

さらに④の日本政府が主張する辺野古移設の安全保障上の必要性についてだが、安全保障環境や海兵隊の役割に関わる詳細な検討は次章に譲り、ここではひとまず二点を指摘しておく。

第一に、確かに海兵隊は、司令部・陸上部隊・航空部隊・後方

支援部隊の一体運用という海兵空地任務部隊（MAGTF）という組織形態をとることを特徴とする。しかし、このことは、司令部・陸上部隊・航空部隊・後方支援部隊の４つの部隊が訓練や緊急時に一体的に運用されることが重要なのであって、日本政府が主張するように４つの部隊が沖縄県内に平素から基地を置かなければならないことを必ずしも意味しない。

また訓練でも４つの部隊が常に一体的に運用される訳ではなく、それぞれの部隊が別々に訓練を実施することもある。実際、沖縄の海兵隊は、沖縄県外の日本本土や国外でも頻繁に訓練を行っている。

2016 年２月に発表された加藤良三元駐米大使やリチャード・アーミテージ元国務副長官ら日米両政府の元高官らによる報告書は、普天間飛行場の現行計画での移設を進めることを是認しつつも、「ＭＶ 22 など沖縄配備航空機を沖縄県外に所在する自衛隊及び米軍の基地にローテーションで展開」することを提唱した[7]。また菅義偉官房長官も、2019 年３月 26 日の参議院予算委員会において、辺野古新基地建設のめどがつけば「あと何年かは国内の他の施設にオスプレイを分散移転することを考えていた」と述べた。

これらのことは、政府の説明と異なり、オスプレイをはじめとした海兵隊の航空部隊が沖縄県外にいても運用可能であることを示している。そうであるならば、普天間飛行場の県内移設が海兵隊の一体運用上不可欠であるとはいえず、また必ずしも辺野古新基地建設の必要もない。

第二に、近年、海兵隊は中国などとの「大国間競争」に対応するため、「遠征前方基地作戦」（EABO）という新たな作戦構想を発展させている。そこでは中国の精密ミサイル攻撃能力の向上に

7）日米同盟の将来に関する日米安全保障研究会『パワーと原則：2030 年までの日米同盟』笹川平和財団、28 頁。

対して、海兵隊は分散された小規模な兵力で重要な位置にある離島などに一時的な拠点を構築することが目指されている（詳細は次章を参照[8]）。EABO の下では、大規模で恒久的な基地は軍事的に脆弱であることからその必要性は低下しており、海兵隊の新作戦構想にとっても、約 160ha の面積、約 1800m の滑走路を持つ辺野古新基地は、分散の推進という観点からは規模が大きすぎるものである一方で、有事の来援拠点としては不十分な規模であって、軍事的にベストな選択肢とはいえない。

最大の問題として、辺野古新基地建設予定地にあることがわかっている軟弱地盤への対応がある。日本政府はこれまで辺野古移設の総事業費について明らかにしてこなかったが、2019 年 12 月 25 日に初めて、工期は 9 年 3 か月で、総工費が約 9300 億円になることを公表した。

つまり辺野古移設については、2013 年 12 月の埋立て承認から既に 6 年以上が経過している上に、今後、地盤改良工事に着手できた後にさらに 12 年を要する。このことは、辺野古移設では普天間飛行場の早期の危険性除去はできないことを政府自身が事実上認めたことを意味する。また、今回日本政府が公表した工期と総工費は、現時点での検討を踏まえたもので、今後の検討等によっては変更があり得るとしており、今後、さらに工期が延び、総工費もさらに膨れ上がる可能性がある。さらに、地盤改良後の不等沈下の問題についても政府は明確に答えていない。軟弱地盤の問題について明確な説明がない限り、辺野古新基地建設の技術的、そして財政的な実現可能性は疑わしいと言わざるを得ない。このような辺野古新基地計画を続行するかどうかは、沖縄だけの問題ではなく、日本全体の問題である。

8）38th Commandant of the Marine Corps, *Commandant's Planning Guidance*, 2019.

●提言

ここまで見たように、普天間飛行場の移設のための辺野古新基地建設計画は、政治・軍事・財政・環境といった様々な点からその妥当性と実現可能性が疑わしく、政府の主張するような「唯一の解決策」ではないことは明らかである。日本政府が辺野古新基地建設をこれ以上推進することは、有事には使用できず、今後も地盤沈下していく恐れのある基地を、環境のみならず日本の民主主義や地方自治を毀損し、深刻化する財政難の中、莫大な税金を投入して建設するという結果をもたらす可能性が高い。

完成の目途すら見通せない現行計画に固執することによって、日本政府と沖縄県の対立のみならず、日本本土と沖縄の溝を深めることは、日本社会全体にとって不幸なことである。辺野古新基地建設にかかる莫大な費用を、別の用途のために使用した方が、日本の政治や経済、さらには安全保障にとってはるかに有益であろう。日本政府は辺野古新基地の建設工事をこれ以上、続行すべきではない。

辺野古新基地計画の完成が困難であることが明白になりつつある以上、本来の目的である普天間飛行場の危険性除去と運用停止を可能にする方策を早急に具体化しなければならない。宜野湾市の市街地に位置する普天間飛行場の危険性を放置して、もし仮に大きな事故が起こった場合、日米同盟は深刻な打撃を受けることになるだろう。辺野古新基地建設の提供手続完了までに今後最低でも 12 年間かかることが明らかになった以上、「普天間飛行場の危険性除去のための辺野古移設」という大義は失われている。辺野古移設を伴わない普天間飛行場の危険性除去と運用停止のための方策を検討することは、辺野古移設をこれ以上追求するよりもはるかに近道であろう。そしてそれは、海兵隊の運用という点からも可能である。

こうした観点から、以下の諸点を提言する。

①日本政府は、辺野古新基地建設計画を見直し、辺野古移設を前提とすることなく、本来の目的である普天間飛行場の速やかな危険性除去と運用停止を可能にする方策を見出すことに注力すべきである。その際、すでに行っている同飛行場の海兵隊の航空部隊の訓練の県外・国外移転をさらに進めることも考慮されるべきである。

②日本政府、米国政府、沖縄県は、中長期的な沖縄の米軍基地全体のあり方も考慮しつつ、普天間飛行場の早期の危険性除去・運用停止を実現するための真摯な対話を行うべきである。そのため、日本、米国、沖縄の有識者からなる「トラック2」の専門家会合を設立することを提案する（同専門家会合は、次章で検討する課題も検討する）。

③沖縄県は、日米両国の政府、専門家、世論に対し、普天間飛行場の早期の危険性除去のためには辺野古新基地建設が現実的でないこと、現行案のような恒久的で大規模な新基地建設ではなく、新たな打開策を見出すことが日本全体、また日米同盟にとっても有益であることを積極的にアピールし、国民的関心を喚起していくべきである。

2. 沖縄米軍基地の抜本的な整理縮小に向けて

●現状と経緯

・沖縄米軍基地の現状

沖縄には施設数にして33、面積にして1万8709.9haの米軍基地と、2万5843人の駐留米軍兵力が存在する。これは、米軍によって管理される在日米軍専用施設面積の70.3%、在日米軍兵力

の70.4%をそれぞれ占めている。沖縄県は日本全国の面積の0.6%に過ぎないが、米軍基地面積は県土面積の8.2%、沖縄本島の面積の14.6%を占めている。県土面積に占める米軍基地面積（共同使用施設を含む）の割合の高さで沖縄県は1位であり、2位の静岡県の1.15%、3位の山梨県の1.03%と比較しても圧倒的である[9]。

そもそも日米同盟の基礎である日米安保条約は、日本が米軍に基地を提供する一方、米国が軍隊を日本に駐留させ日本を防衛するという相互的だが非対称な協力関係によって成り立っている。しかし、日本が提供する米軍基地が沖縄に集中しているという点において、日米同盟の構造はいびつであると言わざるを得ない。

沖縄に駐留する米軍のうち、最大の兵力が海兵隊であり、第三海兵遠征軍（Ⅲ MEF）が拠点を置いている。沖縄の海兵隊は、兵力数にして1万5365人、その施設面積は1万3050.1haで、沖縄の米軍兵力の57.2%、米軍基地の面積の69.7%を占めている。また沖縄には、米空軍の第18航空団が使用し、3689mの滑走路を二本持ち、約100機の軍用機が配備された極東最大級の航空基地である嘉手納基地がある。そのほか、ホワイト・ビーチなどを使用する米海軍、トリイ通信施設などを使用する米陸軍と、沖縄には陸海空、海兵隊という米軍の四軍がそろっている。

沖縄に巨大な米軍基地が存在していることによって、米軍による事件・事故・騒音・環境破壊など、長年にわたって様々な問題が生じてきた。2018年度に沖縄県が実施した県民意識調査によれば、在日米軍専用施設面積のおよそ70%が沖縄に存在していることについて、66.2%が「差別的だ」と考えている。そして沖縄県民は、まずは「基地を返還させること」を、次に「日米地位

9）沖縄県知事公室基地対策課『沖縄の米軍基地及び自衛隊基地（統計資料集）』令和元年8月、1−13頁。基地面積は2018年3月時点、兵力数は2011年6月時点

協定を改定させること」に、特に力を入れてほしいと考えている[10]。

・沖縄への米軍基地集中の経緯

そもそも太平洋戦争まで、沖縄には軍事基地と呼べるものは存在しなかった。ところが太平洋戦争直前に日本軍が基地の構築を開始し、沖縄戦のさなか、米軍が日本本土への攻撃の拠点として基地を建設する。敗戦後、日本は連合国による占領を経て、1951年9月に調印されたサンフランシスコ講和条約によって国際社会に復帰したが、沖縄は引き続き米国の統治下に置かれた。戦後まもなく米ソ冷戦が開始される中、沖縄は米軍が自由に使用するための戦略拠点として位置づけられ、日本から切り離されたのである。

もっとも講和条約と同時に結ばれた日米安保条約の下で、講和直後の1952年には、日本本土には13万5200haの面積の米軍基地が存在し、それは当時の沖縄の米軍基地面積の8倍の規模であった。1950年に勃発した朝鮮戦争において、仁川上陸作戦などで主な出撃拠点となったのも日本本土の基地であった。しかし、日本本土の米軍基地は、朝鮮戦争休戦後の米軍再編や日本国内の反基地運動の高まりによって1950年代に大幅に縮小される。

これに対して米軍統治下の沖縄では、「銃剣とブルドーザー」と呼ばれる土地の強制接収によって基地が拡張された。1955年以降には海兵隊が岐阜県や山梨県・静岡県から沖縄に移駐し、1954年末以降には核兵器が沖縄に配備される。こうして、1950年代を通して日本本土の米軍基地面積と沖縄の米軍基地面積は同規模になり、沖縄への米軍基地の集中が進んでいく。

10）沖縄県企画部『第10回県民意識調査』平成31年3月、12‑13頁。

沖縄における復帰運動の高まりや日米関係の調整の結果、1972年5月、沖縄は日本に復帰した。これに伴って核兵器は沖縄から撤去されたものの、有事には核兵器を沖縄に持ち込むという密約が結ばれた。また復帰後も沖縄の米軍基地はほとんど減らなかった。むしろこの時期、日本本土の米軍基地がさらに大幅に削減される一方で、沖縄の米軍基地がほぼ維持された結果、沖縄には在日米軍基地面積の3分の2が集中することになる。米国政府内では海兵隊の沖縄駐留を見直す動きもあったが、日本政府は米軍のプレゼンス縮小を懸念し、沖縄の米軍基地の維持を求めてきた。

このように、戦後間もない時期には広大な米軍基地が日本本土にも存在したが、日本国民の反基地感情を考慮し、本土における米軍基地の存在を見え難くするために次第に削減され、その代わりに沖縄に米軍基地が集中することになった。このような経緯から見ても、沖縄への米軍基地集中は、もともと沖縄だけでなく日本全国民の問題なのである。

さらに戦後アジアにおける国際秩序そのものが、沖縄に大きく

沖縄県と本土の米軍専用施設面積と沖縄県が占める割合の推移

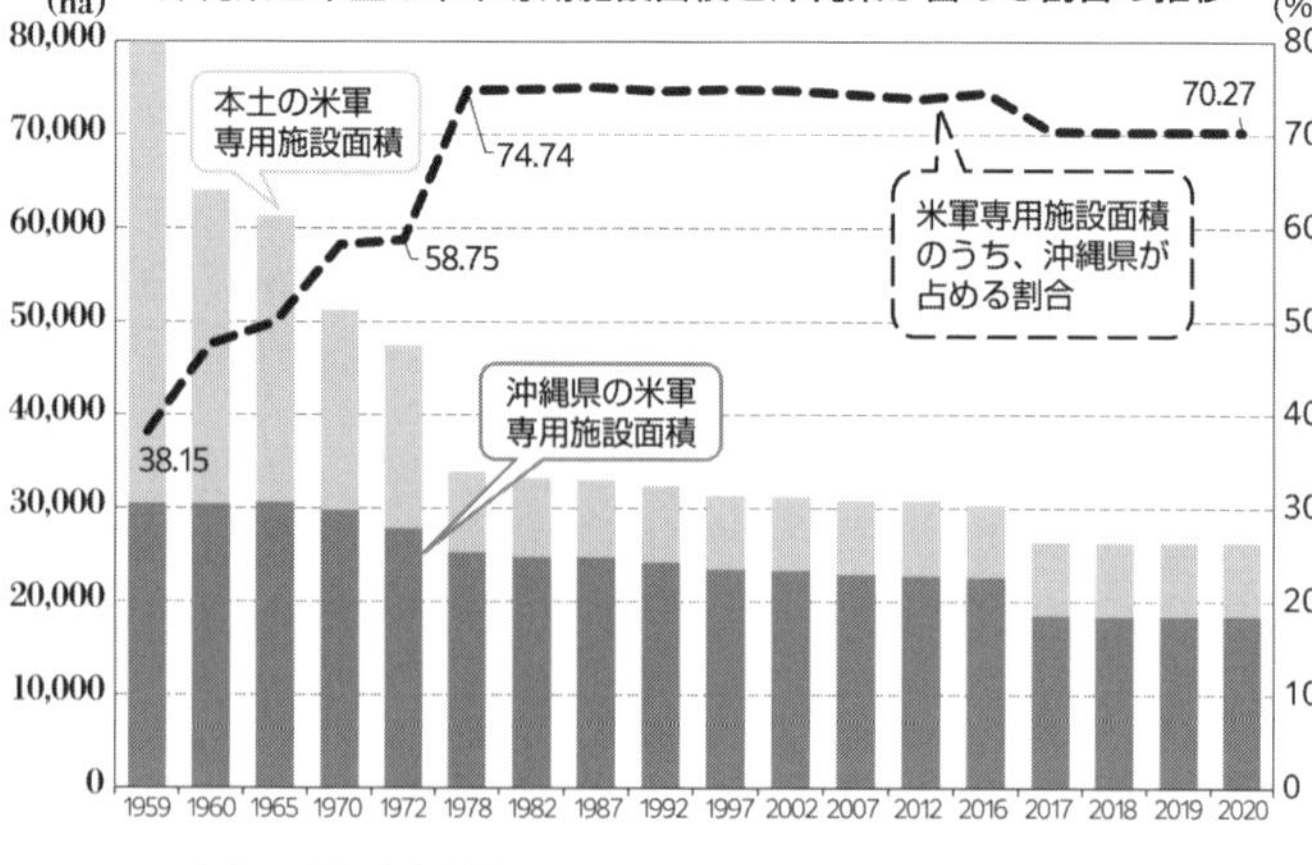

出典：防衛省資料等をもとに沖縄県知事公室基地対策課が作成

依存する構造を有していた。第二次世界大戦後のアジアでは、米国が自由主義諸国と二国間同盟を形成するという「ハブ･アンド･スポークス」体制が形成された。この国際秩序の下ではアジア諸国間の関係は希薄である一方、アジアの自由主義諸国は安全保障面で米軍のプレゼンスに依存し、その中で沖縄の米軍基地はきわめて重要な役割を担っていたのである。

・安全保障環境の変化と米軍の戦略

その後、冷戦終結とソ連消滅という大きな変動を経た21世紀の今日、アジアの安全保障環境は、パワーバランスの変化によって不確実性を増している。台頭する中国は軍事力を増強するとともに海洋進出を活発化させ、さらに短距離ミサイルや巡航ミサイルといったいわゆる接近阻止・領域拒否（Ａ２ＡＤ）能力を向上させている。北朝鮮もまた､二度の米朝首脳会談にもかかわらず､核・ミサイル開発を続けている。

米国政府は、中国やロシアを既存の秩序に挑戦する「修正主義勢力」と見なし、これらの国々と「大国間競争」と呼ばれる長期的な対立の局面に入ったという認識を示している。その上で米国政府は、ルールと法に基づいた秩序を維持するとして、「自由で開かれたインド太平洋」戦略を掲げている。

このような中、米軍は中国に対抗するため、新たな作戦構想を策定している。当初は「エア・シー・バトル」構想のように空軍・海軍が主体となった作戦構想が検討されたが、中国軍の急速なミサイル能力の向上や、米中対立のエスカレーションの危険性、さらには米軍内部の主導権や予算をめぐる対立から、近年は陸軍や海兵隊といった陸上兵力もその役割を主張しつつある。

具体的には、陸軍は陸・海・空・宇宙・サイバーといったあらゆる領域で作戦を行う「マルチ・ドメイン・オペレーション」を

策定する一方、海兵隊は海軍と連携し、離島などの重要な地点を一時的な軍事拠点にすることによって、制海権を確保したり海洋での活動を拒否するという「遠征前方基地作戦」(EABO) を追求している[11]。

また、中距離核ミサイル (INF) 全廃条約からの脱退後、米国のエスパー国防長官はアジアに中距離ミサイルを配備する計画を表明している。近年、米国のシンクタンクや専門家の間でも、中国のミサイル能力に対抗するべく、海兵隊や陸軍といった陸上兵力を日本列島から台湾、フィリピンにかけての第一列島線に展開して多数のミサイルを配備し、中国軍を拒否的に抑止するといった議論がなされている[12]。

こうした中、米軍基地のあり方についても見直しが進められている。米軍にとっての大きな課題が、中国軍の A2AD 能力の向上によって、沖縄を含めた西太平洋における米軍基地がますます軍事的に脆弱になっていることである。そのため恒久的な基地よりも、分散化され、有事や演習の際に一時的にアクセスを確保できる柔軟なプレゼンスのあり方が重視されている[13]。こうした中で在日米軍基地について、同盟の能力や政治的持続可能性を高めるため、自衛隊と米軍による共同使用も提言されている[14]。

●論点

・沖縄の「基地負担の軽減」についての検証

沖縄県は、日米安保条約を理解する立場であり、日米安保条約

11）The Department of Defense, *Indo-Pacific Strategy Report: Preparedness,Partnership, and Promoting Networked Region*, June, 2019.

12）Thomas G. Mahnken, et.al, *Tightening the Chain: Implementing a Strategy of Maritime Pressure in the Western Pacific*, Center for Strategic and Budgetary Assessment, 2019.

13）Kurt M. Campbell and Jake Sullivan, “Competition Without Catastrophe”, *Foreign Affairs*, September/October, 2019, p.104.

14）Richard A. Armitage et.al, *More Important than Ever: Renewing the US-Japan Alliance for the 21st Century*, Center for Strategic and International Studies, 2019, p.7.

がこれまで日本と東アジアの平和と安定の維持に寄与してきたと考えている。しかし、沖縄に米軍基地が集中してきたことについては、安全保障の負担のあり方を日本国民全体の問題として考えなおすべきだと主張している[15]。

一方日本政府は、「安全保障上極めて重要な位置にある」沖縄に、「高い機動力と即応性を有し、幅広い任務に対応可能で、様々な緊急事態への対処を担当する米海兵隊をはじめとする米軍が駐留していることは、日米同盟の実効性をより確かなものにし、抑止力を高めるものであり、わが国の安全のみならず、アジア太平洋地域の平和と安定に大きく寄与している」と説明している。

もっとも、政府も沖縄への米軍基地の集中を決して看過しているわけではなく、「負担の軽減」を進めようとしている。しかし、日本政府が言及する沖縄の「負担の軽減」は、実態としては2006年及び2012年に合意された普天間飛行場の辺野古移設や嘉手納以南の米軍基地返還など、在日米軍再編計画の範囲にとどまっている[16]。

これに対して沖縄県は、新基地建設を伴う普天間飛行場の辺野古移設に反対するとともに、「在日米軍再編協議での合意に基づく大規模な基地返還が実現した後も広大な米軍基地が残る」という考えから、さらなる米軍基地の整理縮小を進めることを求めている[17]。

確かに、嘉手納以南の米軍基地返還が実現しても、その「返還」のほとんどは県内移設が前提であって、沖縄が占める在日米軍専用施設の割合は現状から約1%減るにとどまる。このように米軍

15）沖縄県『沖縄から伝えたい。米軍基地の話。』24頁。

16）『防衛白書 令和元年』333頁。

17）沖縄県『沖縄21世紀ビジョン－みんなで創る みんなの美ら島 未来のおきなわ』2010年、31頁。

基地の整理縮小をめぐる沖縄県と日本政府の認識には、依然として大きな隔たりがある。

1995年に設置されたSACO以来、日米両政府が沖縄の基地負担軽減に取り組んできたことは事実だとしても、県内移設が大半を占めるそれらの計画に対し、沖縄では不十分だと考えられてきた。また1996年のSACO最終報告、2006年の在日米軍再編計画、そして2012年の在日米軍再編計画の見直しから今日まで時間が経過し、安全保障環境も大きく変化した。それにもかかわらず、米軍再編以降の沖縄の米軍基地をどのように整理・縮小するのかという見通しは、現在の日本政府や米国政府には見られない。近年の新たな内外の情勢を踏まえ、沖縄への米軍基地の集中を抜本的に解消するための新たなビジョンが求められている。

・沖縄の地理的優位性についての検証

日本政府が沖縄の米軍基地の重要性を強調する際に論拠とするのが、沖縄の地理的優位性である。日本政府は次のように説明している。まず、沖縄が「米本土やハワイ、グアムなどと比較して…朝鮮半島や台湾海峡といった潜在的紛争地域に近い位置にあると同時に、これらの地域との間にいたずらに緊張を高めない程度の一定の距離を置いている」という位置にあることである。また沖縄本島は、南西諸島のほぼ中央に位置し、日本の海上交通路（シーレーン）に隣接している。さらに沖縄は、大陸から太平洋にアクセスするにせよ、太平洋から大陸にアクセスするにせよ、戦略的に重要な目標となり、安全保障上重要な位置にあるという[18]。

しかし、「地理的優位性」は「地理的脆弱性」と表裏一体であ

18）『防衛白書 令和元年』333頁。

ることを踏まえなければ、今日および今後の安全保障政策の根拠として不十分である。近年、中国や北朝鮮のミサイル能力の増強によって、沖縄の米軍基地は軍事的に極めて脆弱になっている。2019年の米国防総省の報告書によれば、中国軍は、射程300～1000kmの短距離弾道ミサイル（SRBM）を750～1500発、射程1000～3000kmの準中距離弾道ミサイル（MRBM）を150～450発、射程1000km以上の対地巡航ミサイル（LACM）を270～540発を保有し、これらは沖縄の米軍基地を射程内に入れている[19]。なお、北朝鮮は核兵器の小型化・弾頭化を実現させるとともに、日本全域を射程に収める弾道ミサイルを数百発保有しているとされる[20]。

2015年の報告書でランド研究所は、2010年の段階で中国軍はミサイル攻撃によって嘉手納基地を4～10日間、2017年には16～43日間も閉鎖させることができると分析した。さらに米中の基地攻撃能力について、台湾有事では2010年には米中均衡だったが、2017年には中国優位、南沙諸島有事でも2010年までは米国の圧倒的優位だったが、2017年には米中均衡へと転じたと論じた[21]。

このように、地理的優位性が「潜在的紛争地域に近い」ことによって定義されるとすると、それは、沖縄から当該紛争地域に米軍部隊を投入するうえで利便性があることを意味する一方、相手の先制攻撃を誘引する可能性があることを意味している。普天間返還合意当時には、中国や北朝鮮が沖縄を攻撃しうる航空能力は

19）Office of the Secretary of Defense, *Annual Report to Congress: Military and Security Developments Involving the People's Republic of China 2019*, pp.47, 62.

20）『防衛白書 令和元年』93頁。

21）Eric Heginbotham et.al, *The US-China Military Scoreboard: Forces, Geography, and the Evolving Balance of Power 1996-2017*, Rand Corporation, 2015, pp. 330-337.

限定されていたため、米軍の能力の優位を前提に沖縄の地理的優位性を認識できたとしても、今日、中朝両国のミサイル能力や、中国の電子戦を含む航空攻撃能力の向上を踏まえれば、優位性は低下している。

さらに、優位性が相対的な概念であることを踏まえれば、台湾や南沙周辺への兵力投入において、距離的により近接する中国に優位性があると考えるほうが自然である。先に引用した米国の二つの報告書は、こうした現実を反映している。こうした状況で、沖縄への兵力集中は合理性を失いつつある。

地理的優位性を定義するもう一つの基準とされている「いたずらに緊張を高めない程度の一定の距離」についても疑問がある。すでに述べた通り、紛争地域に投入される兵力の拠点として利便性がありながらそこでの配備や行動が「いたずらに緊張を高めない」ということは、もともと矛盾する要素を含んでいる。

仮に台湾をめぐる情勢が緊迫した際、米軍が沖縄に爆撃機を配備するなどの兵力増強を行うとすれば、それは中国の強固な反応を引き起こすはずであり、ひいてはミサイルによる先制攻撃を誘引するおそれもあることは否定できないだろう。今日の米中の対立関係を前提とすれば、沖縄はすでに「いたずらに緊張を高める」距離にあると言わざるを得ない。

このように中国軍のA2AD能力の向上を背景に、米軍の西太平洋における軍事的優位は揺らいでおり、沖縄の軍事的脆弱性が高まっている。これに対して米軍は、兵力の分散化やアクセス拠点の確保を目指している。すでに2012年の在日米軍再編計画見直しでは、沖縄に駐留する海兵隊9000人をグアム、ハワイ、豪州へ分散することになった。米シンクタンクの提言でも、沖縄への米軍基地の集中は、中国のミサイルに対して脆弱であるため、

日本本土などへ部隊を分散することが主張されている[22]。

仮に沖縄の地理的重要性を一定程度認めるとしても現状の基地の集中を正当化することはできないし、地理的に重要であればこそ、地元住民の理解が必要だと考えるべきであろう。

・海兵隊の沖縄駐留の意義についての検証

海兵隊は、沖縄における米軍の基地・兵力数の大半を占めているので、沖縄米軍基地の大幅な整理縮小を追求する上で、海兵隊の沖縄駐留のあり方を見直すことが不可欠である。沖縄県議会も、2017年11月、「在沖海兵隊の早期の国外、県外の移転を求める」ことを明記した意見書を全会一致で可決している。

日本政府は、海兵隊が沖縄に駐留する意義について次のように説明している。第一に、海兵隊は「優れた即応性・機動性を持ち、武力紛争から自然災害に至るまで、多種多様な広範な任務に対応可能」であり、日米同盟の抑止力を高める。その際、海兵隊が即応性・機動性をもって運用されるために、「航空、陸上、後方支援の部隊や司令部から構成され…これらの部隊や機能が相互に連携しあうことが不可欠」である。したがって、「海兵隊の各構成部隊同士は深い相互依存関係にあり、各部隊同士が近傍に所在し、平素から合同で訓練を実施するなど、一体性を維持」する必要があるという[23]。

第二に、海兵隊が沖縄に駐留することによる象徴的意味である。日本政府によれば、海兵隊は「在日米軍の中でも唯一、地上戦闘部隊を有する」ので、米軍のプレゼンスの象徴として抑止力の重要な要素となっている。それゆえ海兵隊の撤退は、「我が国

---

22) Thomas G. Mahnken, et.al, *Tightening the Chain*, p.42.

23) 『防衛白書 令和元年』337 頁；防衛省からの沖縄県への回答②、2012 年 12 月 11 日、16 頁。

を防衛し、地域の安定に寄与するという米国の意思が弱まったとの誤ったメッセージを周辺諸国に与えかねず、在日米軍のプレゼンスや抑止力が低下する」という[24]。

第三に、在沖海兵隊は「増強部隊の来援のための基盤」としての意義がある。有事などでの増援部隊を受け入れることで、様々な事態への迅速な対応が可能であり、これも抑止力の重要な要素となるという[25]。

しかし日本政府の説明は、以下の諸問題に答えていない。まず、沖縄に駐留する海兵隊は、その規模からして任務に限界がある。沖縄に駐留するⅢ MEF は、他の MEF と比べて規模が小さく、朝鮮半島有事といった大規模な有事では米本国からの来援が必要となる。さらに 2012 年に合意された在日米軍再編計画の見直しで、沖縄の海兵隊のうち中核的な陸上部隊である第 4 海兵連隊を含め 9000 人がグアム、ハワイ、オーストラリアに移転することになっており、沖縄に残る実戦部隊は、約 2000 人規模の第 31 海兵遠征部隊（31MEU）のみとなる。31MEU の規模では、人道支援・災害救助や有事における民間人の救出などが主要な任務となる。これは抑止力の中核的要素とは言えない。

海兵隊は、司令部・陸上部隊・航空部隊・後方支援部隊が一体的に運用される MAGTF（海兵空地任務部隊）という組織形態をとり、平時から各部隊が連携して訓練を行うが、このことは海兵隊の各部隊が常に沖縄にいなければならないことを意味しない。そもそも沖縄に駐留する海兵隊は、一年の大半を県外・国外で様々な訓練を頻繁に行っている。米会計検査院や海兵隊自身が認めているように、むしろ沖縄は演習場として狭く市街地に近い

24）防衛省『在日米軍・在沖海兵隊の意義及び役割』14 頁；防衛省から沖縄県への回答②、23 頁。

25）防衛省から沖縄県への回答②、22 頁。

ので、海兵隊の訓練にとって制約となっている[26]。逆に、1996年のSACO最終報告によって、沖縄の海兵隊の訓練のいくつかが日本本土に移転することになったが、運用能力でも配備計画においても影響はなかったという[27]。

また、尖閣諸島や朝鮮半島、台湾海峡などでの有事を想定した場合も、海兵隊の役割は限定的である。有事において重要な海上・航空優勢の確保を担うのは、海軍・空軍の兵力であり、海兵隊が投入されるとしても、それは海上・航空優勢を確保した後である。

尖閣の防衛においては、2015年に再改定された「日米防衛協力のための指針」にも記述されているように、主要な任務を担うのは自衛隊であり、海兵隊を含めた米軍の役割は支援・補完にとどまる。近年、離島奪還作戦を担う陸上自衛隊の水陸機動団が長崎県佐世保を拠点に設立されている。また、そもそも米国は尖閣諸島の領有権問題については「中立」の立場であり、有事における米軍の陸上部隊投入という形での関与は決して自明のことではない。

さらに政府も認めるように、当面尖閣諸島で注意すべきは、中国軍の大規模な侵略よりも、漁民や漁民を装った民兵による上陸などのグレーゾーン事態である。ここで重要なのは海上保安庁による警察力と自衛隊の役割との連携であり、陸上兵力や海兵隊の直接的な役割はほとんどない。

朝鮮半島有事では、米本国から大規模な増援部隊が日本を中継基地として朝鮮半島に出撃することになる。しかし、「兵力の大

---

26) United States General Accounting Office, *Military Training: Limitations Exist Overseas but Are Not Reflected in Readiness Reporting,* 2002, p.7; Marine Corps Installations Pacific, *2025 Strategic Vision*, p.9.
27) United States General Accounting Office, *Overseas Presence: Issues involved in Reducing the Impact of the US Military Presence in Okinawa*, 1999, p.43.

部分は沖縄ではなく、実際には日本本土を経由する」とされる[28]。また、近年の北朝鮮の核・ミサイル開発に対応した最新の作戦計画 OPLAN5015 では、米軍や韓国軍の特殊部隊が北朝鮮首脳部を狙った「斬首作戦」や核施設の確保を実行するとされるが、そこでの米海兵隊の役割は明らかではない[29]。

台湾有事については、地理的に近接していることから、沖縄からの作戦は優位性があると考えられやすい。中国軍による台湾攻撃への軍事シナリオとしては、ミサイル攻撃、海軍による海上封鎖、台湾首脳部を狙った「斬首作戦」、上陸作戦などが想定される。しかしこれらのシナリオのいずれにおいても、中国軍の弾道ミサイルや精密兵器によって、沖縄の米軍基地は脆弱であり、米軍の関与は大きく制約される。

沖縄に駐留する海兵隊は、中国軍による台湾首脳部を狙った「斬首作戦」への対応や米民間人救出、さらには部隊の分散化と南西諸島にある離島の基地化によって中国軍を抑止するという EABO（後述）を行うと想定される。しかし、これらの作戦も、そのタイミングや政治状況次第では、かえって危機のエスカレーションを招く危険性がある。

第二に、政府が強調する「在日米軍の中でも唯一、地上戦闘部隊を有する」海兵隊の沖縄駐留についての象徴的意味についても議論の余地がある。確かに、「トリップワイヤー（仕掛け線）」論に見られるように、地上部隊の駐留は防衛の意図を伝達する手段として重要であるというのが抑止論の考え方である。しかし、どのような規模や役割をもった部隊であれば抑止の機能を持つのかは明らかではない。今日の海兵隊は、より遠征型で分散された形

28）ウィリアム・ペリー元国防長官の発言、シンポジウム「変わりゆく東アジアの安全保障情勢と沖縄—在日米軍の在り方の再考」2018 年 3 月 13 日、ワシントン。
29）OPLAN5015[Operation Plans], Global Security.

態で運用されており、沖縄の海兵隊も一年の多くを県外・国外で共同演習や人道支援を中心として活動している。したがって、「地上戦闘部隊」としての海兵隊の抑止効果は、今日、ますます不透明なものとなっている。

また、そもそも抑止において重要なのは、海兵隊がどこにいるかということより、敵の第一撃から安全な兵力がいかに大規模かつ迅速に投入されるかであり、ハワイ以西に海・空軍を中心とする兵力が引き続き駐留する限り、この地域における米軍の軍事作戦能力、ひいては抑止力は損なわれないはずである。

抑止力とは、相手が攻撃すれば反撃・報復する能力と意志を相手が認識することで成り立つ。その能力を示すものは沖縄のみならずアジア太平洋全域に展開する米軍であり、その意志を示すものは、有事を前提とした兵力投入のための訓練である。沖縄には海兵隊の他にも極東最大規模の嘉手納空軍基地があり、日本全国で見れば、海軍の横須賀基地や佐世保基地もある。沖縄に駐留する海兵隊が、米国の能力と意図を象徴するのに不可欠だとはいえない。

第三に、米本国からの増援部隊を受け入れる機能についても、前述のように中国のミサイル能力の向上によって損なわれつつあるといえる。有事における中国のミサイル攻撃は、在日米軍基地への米本国からの増援部隊の受け入れを困難にさせ、ひいては米軍のこの地域への展開を躊躇させる[30]。このことは、沖縄への米軍基地集中という現状のままでは、中国のミサイル攻撃に対する脆弱性ゆえに、米本国からの増援を含む米軍の西太平洋での作戦遂行がますます難しくなることを意味する。日本の安全保障政策としても、中国軍の攻撃に対し米軍の来援まで持ちこたえて戦局を

---

30) Evan B. Montgomery, "Contested Primacy in the Western Pacific: China's rise and the Future of US Power Projection", *International Security, Vol. 38, No. 4*, 2014.

優勢へ導くためにも、生存性を高めるべく米軍基地を分散化させることが望ましい[31]。

・海兵隊の新作戦構想 EABO について

最近、海兵隊は、中国などのミサイルの脅威の内側にあって、海軍と連携し、制海権の確保や海上阻止といった役割を担うことを目指している。海兵隊が新たに策定している EABO は、海上の重要な地点を占拠し、ミサイルやセンサー、戦闘機の給油地点といった一時的な拠点にするという構想である。海兵隊が新作戦構想を模索する中で、沖縄を拠点とするⅢ MEF は、「主要な努力の焦点」だとして海兵隊の中でも重視されている[32]。

注目すべきことに、海兵隊は、EABO を推進するにあたり、「潜在敵国が米国の固定的で脆弱な基地を標的にしようとする」のに対し、「集中した、脆弱な、そしてお金のかかる前方のインフラやプラットフォームに依存しない新しい遠征型の海軍力の構造を発展させる」ことを目指している。さらに EABO を推進するにあたり、海兵隊内では、司令部・陸上部隊・航空部隊・兵站部隊を一体運用するという MAGTF の組織形態に固執するべきではないとの考えもある[33]。また EABO では、平時から敵国に対するデモンストレーションとして恒常的な分散化が必要だという意見もある[34]。これらのことは、大規模で恒久的な基地に依存しない、より小規模な部隊による運用が求められることを意味する。

EABO はまだ策定過程にあり、不確実なことも多い。また、

31）Eric Heginbotham and Richard J. Sumuels, “Active Denial: Redesigning Japan’s Response to China’s Military Challenge”, *International Security, Vol. 42, No.4,* Spring 2018.
32）38th Commandant of the Marine Corps, *Commandant’s Planning Guidance,* 2019, p.3.
33）Ibid, pp.2, 11.
34）Bryan Clark, Jesse Sloman, *Advancing Beyond the Beach: Amphibious Operations in an Era of Precision Weapons,* Center for Strategic and Budgetary Assessments, 2016, p. 18.

その実現可能性や予算面などへの批判もある。しかし、海兵隊が新たな作戦構想において、兵力の分散化・小規模化を重視しているという事実は、軍事的合理性の観点からも沖縄への兵力の集中化・固定化を見直す契機になり得る。今後の米軍の戦略を大きな関心を持って注視するべきである。

●提言

近年、アジアの安全保障環境は不安定・不確実性を増しており、自由と民主主義という普遍的価値観を共有する日米同盟の存在は重要である。しかし、沖縄への米軍基地の集中は、政治的には沖縄県民の反発の高まりによって、また軍事的には中国などのミサイル能力の向上によって、ますます脆弱になっている。海兵隊を含めた米軍自身も、中国のミサイルの脅威に対応するべく、部隊の分散化を進めている。日米同盟が安定的に維持されるためにも、沖縄への米軍基地の集中を是正し、日本全体・アジア全体の視野に立って安全保障の負担のあり方を見直すべきである。

こうした観点から、以下の諸点を提言する。

①日米両政府は、アジア太平洋の安全保障環境の変化を踏まえ、米軍の兵力や基地のあり方を柔軟に再検討し、沖縄の米軍基地の大幅な整理縮小を加速させるべきである。その際、日米同盟の安定的運用という観点からも沖縄県の意見を反映させることが重要である。普天間飛行場の返還を含めたそうした課題は、前項で提案した、日本、米国、沖縄の有識者からなるトラック２の専門家会合で積極的に議論すべきである。

②沖縄米軍基地の整理縮小を進める上で、最大の兵力である海兵隊の沖縄駐留のあり方を見直すことは不可欠である。海兵隊の存在が抑止の効果を持つとしても、それは米国の意志表明の手

段として重要なのであって、海兵隊がどこに駐留するかということとは別の次元でとらえることが可能である。

一つの方策として、沖縄に駐留する海兵隊を、日本本土の自衛隊基地に分散移転・ローテーション配備するとともに、自衛隊と米軍の基地の共同使用を進めることが考えられる。日本政府が基地全体の運用に責任を持つことにより、米軍の運用の地元への悪影響を減らしつつ沖縄の基地負担を軽減すると同時に、同盟の相互運用性の向上を図ることができる。日本本土への分散移転・ローテーション配備を検討する際には、各自治体の負担軽減という観点からも、日米地位協定の見直しを伴うことが望ましい。

さらに､日米両国政府は､沖縄の海兵隊のアジア太平洋の国々への分散移転・ローテーション配備を進めるべく、創造的な戦略対話を開始すべきである。すでに海兵隊は、豪州へのローテーション配備を進めているが、これを他の地域諸国に拡大する方途を構想することは、沖縄米軍基地の整理縮小に関しても重要な意味を持つ。そのためには、まず種々の外交努力とともに、日本政府による米軍の移動に伴う経費や、受け入れ国に対する支援も必要になるかもしれないが、それでもなお、大浦湾の軟弱地盤処理を含む多大な費用負担よりもはるかに少なく、かつ意味のある負担である。これは、米国のアジア関与を引き留めるとともに、沖縄だけでなく地域全体で米軍のプレゼンスを支える枠組みを構築するものであり、アジアの地域協力の発展にも有益であろう。

③沖縄県は本土の都道府県、市町村と米軍基地のあり方や日米地位協定の改定・改善についての連携を強め、基地負担のあり方を日本全体で議論し見直す気運を高めていくべきである。

なお、米国とドイツとの間で締結されたボン補足協定第48

条第５項は、米軍の「土地需要」に関して、「共通の防衛任務を考慮したうえでドイツ側が土地を使用することによって得る利益が大きいことが明白な場合、ドイツ当局の明渡し請求に対し、軍隊又は軍属の当局は適切な形でこれに応ずる」と定めている。日本の場合も同様の原則を踏まえ、日本政府や沖縄県を含む自治体は個々の米軍基地の必要性と返還後の地域の利益について絶えず検討すべきである。

３.アジア太平洋地域の結節点（ハブ）としての沖縄へ

●現状と経緯

沖縄にはアジア各地を貿易によって広く結んだ大交易時代や太平洋戦争末期の苛烈な沖縄戦、そして第二次世界大戦後は日本の主権回復後も米国統治下に留め置かれるなど、その時々のアジア太平洋における国際情勢が映し出されてきた。そして冷戦下における沖縄は、米国の前方展開戦略を支える「要石」として巨大な基地が集中する島となった。このような歴史的経緯を踏まえ、沖縄は常に平和を希求してきた。米ソ冷戦終結後には、冷戦中に軍事に投入されていた膨大な資源を転用しようという「平和の配当」が世界的に語られたが、結果として沖縄の米軍基地が大幅に削減されることはなかった。

その一方、それまで貧困と停滞を特徴として語られていた日本以外のアジアは、1970年代以降、急速な経済成長を遂げ、21世紀の今日、アジアは世界的な経済成長センターと目され、今後もさらなる成長が見込まれる。

日本を取り巻く北東アジアには、冷戦後に顕在化した北朝鮮による核開発や中国の台頭と海洋進出など、安全保障上、懸念すべき問題が存在している。その一方で日中韓など北東アジアから東

南アジアのASEAN諸国、そしてアメリカへと広がるアジア太平洋地域にはサプライ・チェーン（国境を越えた生産・流通体制のネットワーク）が張り巡らされ、経済的な一体化が著しく進展している。このような状況を踏まえれば、アジア太平洋地域には、安全保障面における緊張関係と経済面における緊密な結びつきという二つの特徴が併存していると言えよう。

そして沖縄にも、この二つの特徴が顕著に反映されている。前者の安全保障上の緊張関係についていえば、言うまでもなく巨大な米軍基地の存在であり、中国の海洋進出と向き合うことを余儀なくされているのが尖閣諸島である。そして後者の経済面では、沖縄にはアジア各国の経済成長と所得向上を背景に多くの観光客が訪れて活況を呈しており、この傾向はますます強まるであろう。

沖縄の米軍基地の抜本的な整理・縮小は、アジア太平洋地域の将来像と密接に関わる。上述のように安全保障と経済で異なる相貌を見せるアジア太平洋地域だが、安全保障上の緊張関係を緩和し、旺盛な経済成長を一層力強いものにすることが、この地域の将来ビジョンを描く上での鍵となる。

・安全保障から見たアジア

近年のアジアでは、安全保障面における対立・緊張が高まっている。第一に、パワーバランスの変化に伴う大国間の対立である。第二次世界大戦後のアジアでは、米国が日本、韓国、フィリピンといった自由主義国と二国間同盟を結び、米軍を駐留させるという「ハブ・アンド・スポークス」体制を主導してきた。しかし近年、中国やインドなど新興国が台頭しており、特にアジアの覇権をめぐって米中両国は激しく対立している。

第二に、アジアには南北朝鮮や中国・台湾といった冷戦期に生まれた「分断」が残っている。北朝鮮は国家の存続をかけて核・

ミサイル開発に邁進し、地域の不安定要素となっている。台湾には民主主義社会が構築されているが、中国は統一の完成にむけて台湾に圧力をかけ続けている。

第三に、領土をめぐる対立である。台頭する中国は海洋進出を進め、東シナ海や南シナ海で現状変更的な行動をとっている。こうした中で、尖閣諸島をめぐる日中対立、南シナ海をめぐる中国、ベトナム、フィリピンなどの対立が高まっている。

第四に、この地域では戦争や植民地支配といった歴史による各国間の相互不信が根深い。日本と韓国は同じ民主主義国家であるにもかかわらず、歴史問題をめぐって対立を続けている。日本と中国も歴史問題を抱えている。

これらの対立はお互いに絡み合い、アジアの緊張をさらに高めている。アジア・オセアニア地域の軍事支出は、1988 年には 1340 億ドルだったが、2008 年に 3000 億ドル、2018 年に 4940 億ドルとなり、欧州を追い越して世界で二番目となった。特に中国の軍事費の増大が著しいが、インド、韓国、日本、東南アジア諸国の軍事費も増大している[35]。

・経済から見たアジア

経済面における近年のアジアの特徴は、旺盛な成長と域内における一体化の一層の深まりである。それまで貧困と停滞で特徴づけられたアジアは、1970 年代以降、急速な発展を遂げ、さらに 1980 年代以降はアジア域内における国際分業も進展し、東アジア域内の貿易額は 1984 年の約 1000 億ドルから 2016 年は 2 兆 2000 億ドルへと急拡大した。国際的な工程間分業を背景に、アジアは今や世界最大の生産拠点となっている[36]。アジアはすでに世

35）Military expenditure by region in constant US dollars, 1988-2018, SIPRI2019.
36）『通商白書 2019 年』281 頁。

界経済で約3割という最大のシェアを占めているが、2050年代には世界の半分以上を占めるともいわれており、まさに21世紀は「アジアの世紀」である。

アジア経済の中で経済規模でいえば約半分という大きなシェアを占め、さらにアジアのサプライチェーンにおける最終製品の組み立て地としてその中心となっているのが、世界第二位の経済大国となった中国である。その中で近年の米国は対中強硬姿勢を強め、米中間の貿易摩擦が激化するだけでなく、米国内では安全保障上の観点から中国経済の「切り離し」（デカップリング）に踏み込むべきだという議論も浮上している。しかし両国の経済は既に相互依存関係が深まっており、非現実的だという指摘もある。

●論点

・日本の安全保障政策の検証

上述のようなアジア太平洋の国際情勢を受けて、日本がどのような対応をとっているか、以下で検証するが、中でも論点となるのが日本の安全保障政策において抑止の側面が強調されていることである。台頭する中国との尖閣諸島をめぐる対立などを背景に、日本は防衛力と日米同盟の強化を進めている。2014年には集団的自衛権の行使を一部容認し、2015年には安全保障関連法を制定するとともに「日米防衛協力のための指針」を改定し、「切れ目のない」防衛協力を推進している。また防衛費も8年連続で増大し、南西諸島への自衛隊配備などを進めている。これらは中国に対する抑止力の強化を目指したものだといえよう。

とはいえ、抑止は効果的な安全保障政策のひとつの側面に過ぎないことを忘れるべきではない。抑止とは、相手の攻撃に対し、反撃する姿勢を示すことによって相手の攻撃を思いとどまらせることであり、そのためには反撃するという意図と能力、そして意

図を相手に対して正しく伝えることが必要である。しかし、抑止は、防御的な目的であるにもかかわらず、しばしば攻撃的とみなされ、そのため挑発的効果ももっているので、危機を拡大させることもある。自国の安全のためにとった行動が、相手国から攻撃的な政策と認識されて対抗策をとらせ、その結果、戦争の危機が高まって双方の安全がかえって低下するという現象は、「安全保障のジレンマ」と呼ばれる。抑止は「安全保障のジレンマ」を高める可能性もある[37]。

それゆえ抑止は唯一最善の政策ではなく、「外交政策のさまざまな手段の一つとして用いられる時に、抑止は最も効果的であると理解しておくことが重要」なのである[38]。つまり抑止が、相手の攻撃を思いとどまらせることができるかどうかは、抑止以外に「外交政策のさまざまな手段」が用意されているか否かによるのである。

そこで必要になるのが「安心供与」である。「安心供与」とは、相手国に正しく意図を伝え、こちらが相手国に対して、これ以上の譲歩を強いることはないと約束することを通じて、相手国の不安を払拭する政策である。仮に抑止によって威嚇しつつ要求を行う場合、「一定の要求を受諾しさえすれば、それ以上の譲歩は迫らない」という約束に十分な説得力あってはじめて、相手国にも要求を受諾する誘因が生まれる[39]。冷戦期でさえも、1960年代以降の米国とソ連は偶発的な衝突が核戦争にエスカレートする危険を低下させるために協調し、コミュニケーションのチャネルを

37）ポール･G･ゴードン他『軍事力と現代外交―現代における外交的課題』有斐閣、2009年、209、228頁。

38）前出：ポール・G・ゴードン他『軍事力と現代外交―現代における外交的課題』有斐閣、2009年、228 － 229頁。

39）中西寛・石田淳・田所昌幸『国際政治学』有斐閣、2013年、156 － 157頁。

整えていた。しかし今日、米中間にはそのようなメカニズムはない[40]。またアジアでは歴史的経緯から相互不信が根強く横たわっている。安全保障面におけるアジアの緊張関係を緩和するには、相互不信を解消し、信頼醸成を促進することによって「安全保障のジレンマ」を脱却することが重要である[41]。

そもそも抑止を安全保障政策の中心に据えるのであれば、戦争という最悪の結果を想定しなければならない。しかし、以下のような日本の地政学的特徴やアジアの現状を踏まえると、戦争は日本にとって不合理な選択であることは言うまでもない。日本の国土は縦深性を欠き、ミサイル攻撃に脆弱であるとともに戦争継続に必要な燃料など自給ができない。それゆえ、日本は守りにくいと同時に長期戦に耐えることが困難だという特徴がある。また、尖閣諸島など離島防衛については、相手国との間で奪取・奪回を無限に繰り返す消耗戦になることも想定しなければならない。経済面におけるアジアは、サプライチェーンをはじめとする経済ネットワークが張り巡らされており、戦争の危機は経済ネットワークを断絶し、経済活動が大幅に低下することは避けられない。

対立の高まりを回避するためには、意思疎通によって円滑な危機管理を行うとともに、問題解決の糸口を粘り強く見つけ出すことが重要である。ここに政治の役割が求められている。

加えて、抑止による対立・危機の高まりを防ぐために、対話の装置が必要である。欧州では、NATOという同盟体制に加えて、OSCEという安全保障対話装置が存在するが、アジア太平洋では、そのような枠組みが本格的に構築されているとは言い難い。安全保障面で緊張・対立が高まるアジア太平洋地域において、危機を

40）Kurt M. Campbell and Jake Sullivan, "Competition Without Catastrophe", *Foreign Affairs*, September/October, 2019, p.102.

41）遠藤誠治・遠藤乾『安全保障とは何か』岩波書店、2014年、第10章。

低下させるための対話の場を用意することは急務となっている[42]。日本外交は、日米同盟強化などによる抑止の側面を重視するだけでなく、対話や緊張緩和のための地域協力ネットワークの構築にも目を向けるべきである。

・沖縄の役割について

長期的に沖縄の基地負担軽減を可能とする安全保障環境の形成に取り組むことが必要である。すでに沖縄県は、これまで軍事的に「太平洋の要石（キーストーン）」として重視されてきた沖縄を、アジアの平和と繁栄の拠点にしようという構想を提示している。2010 年に策定された「沖縄 21 世紀ビジョン」では、「沖縄の過重な負担をなくすための不断の取り組み」が必要だと強調した上で、「沖縄は軍事面での安全保障ではなく、幅広い分野において我が国とアジア・太平洋地域との交流や信頼関係の構築など積極的な役割を担うことができる」と論じた。具体的には環境や医療、人権など「人間の安全保障」や防災など国際的課題への貢献や国際機関の誘致などを掲げた[43]。

さらに 2015 年の「アジア経済戦略構想」では、「沖縄は戦禍を経験し、中国、台湾、アジア等との歴史的関係があり、沖縄の多様性を生かして、政治のバッファーとして国際紛争の調整役として機能することにより、国家の枠組みを超えて安全と経済発展に寄与できる」と提言されている[44]。

歴史的経験にもとづいた沖縄からの提言を、日本政府は真摯に

42）植田隆子『欧州安全保障協力機構（OSCE）の危機低減措置と安全保障対話―制度・実態とアジア太平洋地域への適用可能性試論・資料』国際基督教大学、2014 年。

43）沖縄県『沖縄 21 世紀ビジョン―みんなで創るみんなの美ら島 未来の沖縄』2010 年、1、79 頁。

44）沖縄県アジア経済戦略構想策定委員会「沖縄県アジア経済戦略構想」2015 年、61 － 62 頁。

受け止め、今後のアジア秩序構想において、軍事の拠点ではなく平和の拠点として沖縄を位置づけていくべきである。

近年、グローバル化の進展とともに、気候変動や感染、サイバーセキュリティといった国際問題についての都市や自治体の役割や、国境を越えた都市のネットワークが注目されている[45]。沖縄県もこういった非伝統的な安全保障問題への関与を通じて、アジアの安全保障環境の改善や地域協力のネットワークの補強ができるだろう。

●提言

近年のアジアでは、安全保障面において対立・緊張が生じている一方、経済面では相互依存関係が一層深化している。こうした中で、日本政府が日米同盟強化や防衛力増強によって抑止力の有効性を過度に強調することは、ややもすると一面的であり、また沖縄にとっては米軍基地が固定化されることにつながりかねない。

本格的な人口減少を迎えつつある日本にとって、アジアの経済的な活力を取り込むことは死活的に重要である。そしてアジア域内の旺盛な経済活動には、地域秩序の安定が不可欠の前提となる。日本政府は抑止力の強化に過度に傾斜することなく、近隣諸国との相互不信の解消に努め、信頼醸成を促進することを目指すべきである。

沖縄はその地理的位置も相まって、アジア太平洋地域の安全保

45）パラグ・カンナ『接続性の地政学―グローバリズムの先にある世界 上下』原書房、2017 年：Jay Wang and Sohaela Amiri, *Building a Robust Capacity Framework for US City Diplomacy, USC Center on Public Diplomacy*,2019; Michele Acuto, et.al, *Toward City Diplomacy: Assessing capacity in select global cities,* The Chicago Council on Global Affairs, 2018.

障と経済の双方の側面から大きな影響を受けている。沖縄は、米中や日中対立の「最前線」となっているが、日本とアジアの「架け橋」「窓口」にもなり得る。それゆえ沖縄は、そのような特徴を踏まえ、またこれまで県が策定してきたビジョンを発展させる形で、アジア太平洋の信頼醸成や緊張緩和に寄与するべきである。

こうした観点から、以下の諸点を提言する。

①アジア太平洋地域では、安全保障面での緊張関係と経済面での緊密な結びつきが並存していることを踏まえ、この地域におけるさらなる発展と安定を維持するために、抑止力の強化だけでなく、域内における緊張緩和と信頼醸成が今後の重要な政治課題になると認識すべきである。

②沖縄は域内有数の観光地であるだけでなく、貿易によって広くアジアを結んだ大交易時代や苛烈な沖縄戦の経験など、アジア太平洋の過去と未来、平和と安全保障を考える上でまたとない思索の場である。沖縄県はそのような特性を活かし、アジア太平洋地域における地域協力ネットワークのハブ（結節点）となることを目指すべきである。

具体的には、関係諸国の研究所などに呼びかけ、地域の安全保障や、軍縮、海洋問題、災害支援、「人間の安全保障」などについて、各国の研究者や実務家が対話を行うための定期的な会議の開催や、そのための拠点となる研究機関の創設などが検討されるべきである。その際、内外のシンクタンクや県内にあるJICA沖縄や沖縄科学技術大学院大学（OIST）、外務省沖縄事務所といった機関と積極的に連携していくことが望ましい。

③沖縄が「アジア太平洋における地域協力ネットワークのハブ（結節点）である」という認識を内外に広めるためにも、自治体外交をより積極的に展開するべきである。沖縄県は、中国、台湾、

韓国はもとより、豪州、東南アジア諸国の地方自治体との間で、経済・文化・教育・気候変動・健康・災害対策などの面で交流を促進し、地域協力のネットワークの構築を自治体の立場から下支えするべきである。

おわりに

沖縄は県民の4 人に一人が犠牲になるという激烈な沖縄戦を経験し、サンフランシスコ講和条約によって日本本土が主権を回復したのとは対照的に、1972 年の日本復帰まで27 年間にわたって米国統治下に留め置かれるなど、苦難の道を歩むことを余儀なくされた。現状においても在日米軍専用施設のおよそ7 割が狭隘な県土に集中し、尖閣諸島をめぐる中国との緊張関係の最前線にもなっている。

その一方で沖縄は、今後の日本において最も可能性に満ちた地域である。アジアの経済成長に伴って多くの観光客が沖縄を訪れるようになっており、国際的な観光地としての認知度はますます高まるであろう。広大な米軍基地の存在も、逆にそれらが返還された後にさまざまな青写真を描く余地があることを意味する。

本提言は、米軍基地をめぐる沖縄の過重な負担を軽減し、上記のような沖縄が持つ可能性を一層開花させるための方途を探り、提示した。それらは沖縄をめぐる将来構想だが、同時に日本の政治外交やアジア太平洋の地域秩序をめぐるビジョンにもつながる要素を含んでいる。本提言が呼び水となって、沖縄基地問題、さらには日本の外交・安全保障政策やアジア太平洋の将来像をめぐる議論が構想力と活力を取り戻すことを期待したい。

令和元年度　米軍基地問題に関する万国津梁会議　委員名簿

委員名	所属等	備考
柳澤 協二 （やなぎさわ きょうじ）	元内閣官房副長官補	委員長
野添 文彬 （のぞえ ふみあき）	沖縄国際大学准教授	副委員長
添谷 芳秀 （そえや よしひで）	慶應義塾大学教授	
マイク 望月 （まいく もちづき）	ジョージワシントン大学准教授	
孫崎 享 （まごさき うける）	元外務省国際情報局長	
宮城 大藏 （みやぎ たいぞう）	上智大学教授	
山本 章子 （やまもと あきこ）	琉球大学准教授	

事務局：沖縄県知事公室　基地対策課

著者プロフィール（50音順）

野添 文彬（のぞえ・ふみあき）
1984年滋賀県生まれ。一橋大学大学院法学研究科博士課程修了。現在、沖縄国際大学准教授、博士（法学）。主要著書に『沖縄返還後の日米安保』（吉川弘文館、2016年）、『沖縄米軍基地全史』（吉川弘文館、2020年）。

元山 仁士郎（もとやま・じんしろう）
1991年、沖縄県宜野湾市生まれ。一橋大学社会学研究科修士課程修了。現在、同大学法学研究科博士課程。「辺野古」県民投票の会元代表。2019年1月には県民投票の実施を求めるハンガーストライキを実行。

柳澤 協二（やなぎさわ・きょうじ）
1946年東京都生まれ。70年東京大学法学部卒、防衛庁入庁。同運用局長、防衛研究所所長などを歴任。2004年から09年まで内閣官房副長官補として自衛隊イラク派遣を統括。現在、自衛隊を活かす会代表。

山崎 拓（やまさき・たく）
1936年生まれ。早稲田大学第一商学部卒業。72年に衆議院議員に初当選。当選12回。防衛庁長官、建設大臣、自民党政調会長、幹事長、副総裁などを歴任。2013年近未来政治研究会最高顧問に就任。

山本 章子（やまもと・あきこ）
1979年北海道生まれ。一橋大学大学院社会学研究科博士課程修了。現在、琉球大学准教授、博士（社会学）。主要著書に『米国と日米安保条約改定』、『米国アウトサイダー大統領』、『日米地位協定』。

〈インタビュイー〉
玉城 デニー（たまき・でにー）
1959年沖縄県与那城村（現・うるま市）生まれ。上智社会福祉専門学校卒業。ラジオのパーソナリティとして活動した後、沖縄市議会議員、衆議院議員（4期）を経て、2018年10月より沖縄県知事。

辺野古に替わる豊かな選択肢
「米軍基地問題に関する万国津梁会議」の提言を読む

2020年9月15日　第1刷発行

著　者　ⓒ柳澤協二、山崎拓、野添文彬、山本章子、元山仁士郎
発行者　竹村正治
発行所　株式会社　かもがわ出版
〒602-8119　京都市上京区堀川通出水西入
TEL 075-432-2868 FAX 075-432-2869
振替　01010-5-12436
ホームページ　http://www.kamogawa.co.jp
印刷所　シナノ書籍印刷株式会社

ISBN978-4-7803-1111-2　C0036